U0944732

陈泰先◎编著

心理学的陷阱

中国物资出版社

图书在版编目（CIP）数据

心理学的陷阱／陈泰先编著．—北京：中国物资出版社，2010.9
ISBN 978－7－5047－3413－6

Ⅰ．①心…　Ⅱ．①陈…　Ⅲ．①心理学—通俗读物　Ⅳ．①B84－49

中国版本图书馆 CIP 数据核字（2010）第 077634 号

策划编辑　钱　瑛
责任编辑　钱　瑛
责任印制　何崇杭
责任校对　孙会香　梁　凡

中国物资出版社出版发行
网址：http://www.clph.cn
社址：北京市西城区月坛北街 25 号
电话：(010)68589540　邮政编码：100834
全国新华书店经销
北京京都六环印刷厂印刷

开本：710mm×1000mm　1/16　印张：19.5　字数：280 千字
2010 年 9 月第 1 版　2010 年 9 月第 1 次印刷
书号：ISBN 978－7－5047－3413－6/B·0224
印数：0001—9000 册
定价：36.00 元
（图书出现印装质量问题，本社负责调换）

前言

心理学是研究人和动物心理现象发生、发展和活动规律的一门科学。人的任何行为都离不开心理活动，无论感觉、知觉、记忆、思维、想象、情感、意志以及个性特征等都可称之为心理现象。心理学对人类生活所起的作用越来越大，应用范围越来越广。用心理学的知识可以分析婚姻、商业、教育等各种社会问题，由此可见，心理学对我们的影响无处不在。当然也不乏被滥用的可能，一旦那些心术不正的人掌握了传播渠道，我们就有可能遭受绝对的控制。

生活主要就是由人的心理和行为支撑的，有人的地方就有竞争，有竞争的地方就离不开心理战术。真正的控制，从“心”开始。日常生活中，我们常常在无意之中就被人控制了。商家每个月的开销很大一部分都用在广告上，旨在改变我们的态度和感觉，去买他们的商品。随着夏日的到来，大量神奇有效的减肥产品应运而生。那些强烈的视觉刺激、鼓动性的导购言语以及电脑处理过的减肥前后效果对比，再加上那些耳熟能详的明星代言，让我们不得不有点相信，有点动心，有点跃跃欲试。于是商家的目的达到了，随之而来的便是大把大把的人民币。而他们也正是抓住了消费者的爱美之心，抓住了行之有效的“名人效应”，抓住了“不劳而获”（不想运动，不想控制饮食）的心理。

谈判时，聪明的谈判者都特别注意在不为对方提议所限的同时，寻找恰当时机，为对方设定陷阱，使谈判向有利于自己的方向发展，以达到自己的目的。

签合同时，作为合同乙方的你可以选择1、2、3、4，好像自己“大笔一挥”才成定局；但事实上，你的选择只是“几害相权，取其轻”而已，根本改变不了“利他”的整体格局。

此外，政治家竭力打造形象、传统理念，旨在让我们相信他们，给他们投上宝贵的一票；新闻工作者通宵达旦，是想让我们认同他们提供的信息，相信他们想让我们相信的事；就连小商小贩也常常“高薪”聘“托”，目的就在于让我们相信他们的商品物美价廉。

我们所贪恋的心理优势，就这样让我们落入对方的“陷阱”中，而且乐此不疲。电视上经常播放受人欺诈的案例经过，以期通过事件的模仿回放，让广大群众有所警惕，在一定程度上熟练地识破骗子们惯用的伎俩。但在现实生活中，仍有不少的人一而再，再而三的落入骗子的陷阱，究其原因，其实很简单，那就是如今的骗子们都学会了心理学，懂得了用心理学的知识来武装自己骗人的本领，从而帮助自己“白手起家”、“飞黄腾达”。

被人“控制”并不可怕，知而能改善莫大焉，可怕的是，我们被人控制了还全然不知，还以为按照自己的意愿办事呢。所以，我们要打破心理学操纵这一危机，机智地跳出心理学的陷阱。

本书尝试从心理的角度，运用心理学的原理，结合实际生活案例，对生活中可能遇到的各种心理现象进行了较为详尽的分析，并提供了操作简便的解决思路与方法。在帮助人们了解各种现象背后的深层心理原因的同时，也帮助人们成为职场上、商场上、亲友圈中最有分量、最受欢迎、最能呼风唤雨的人。

编　者

2010 年 4 月

目 录

婚恋中的心理学陷阱

心理学是一门关于灵魂的科学，对于一个人的爱情、婚姻有着重要的影响，有时甚至起到了决定性作用。婚恋中每时每刻都在上演着一幕幕的心理战，说不定现在你的身边就有一个人正在对你使用着心理战术呢！掌握一点心理学，就能够从恋人的举手投足之间读懂其心意，从而见机行事；就能够从恋人的一个小习惯、一个小细节识别其为人，从而为你所用；就能够从一个眼神、一句话判断出一个男人内心的隐秘，从而让你把握爱情的机缘，抓住人生的幸福，躲过感悟的陷阱。

消费中的心理学陷阱

为什么有些产品一上市就受到消费者欢迎，而有些店面总是门可罗雀？销售就是一场心理博弈战，只有读懂消费者内心的人才能立于不败之地。销售，是销售人员与消费者之间心与心的互动。销售人员不仅会洞察消费者的心理，了解消费者的愿望，还会设计灵活的心理应对方式，以达到销售的目的。简言之，销售就是察言、观色、攻心！那么从消费者的角度来说，就需要识破销售者经常用的心理战术，从而避免掉入销售者设计的陷阱，真正做到理性消费。

求职中的心理学陷阱

如今的骗子都学会用心理学来武装自己，所以想识破骗子的骗局就不那么容易了。对于刚出校门或社会阅历不深的求职者来说，往往会被人才市场上的各种诱惑蒙住双眼。随着就业形势的改变，各色各样的求职“陷阱”，也对求职者们敞开了怀抱，“陷阱”制造者们正笑看着求职者们往“陷阱”里跳。为了免遭欺骗，求职者们应提高警惕，警惕各种施行心理骗术的招聘。

第四章

办公室的心理学陷阱

有位哲人说过：“你不要怨恨别人对你不公平，也不要怨恨别人欺负你，是你自己让别人这样对你的。”换句话说造成你苦恼的“元凶”，其实就是你自己。工作中，你不仅会因掉入别人为你设计的心理陷阱而苦恼，很多情况下你也会因为掉入自己给自己设计的心理圈套而不能自拔，在防范别人的同时，也应该给自己的心灵多晒晒太阳！

第五章

交际中的心理学陷阱

心理学是一门揭示人的心理活动规律的科学，是一门让人变得更聪明的学问。人际关系中的各种问题，都与心理学有着千丝万缕的联系，一旦掌握了相关的心理学知识，阻碍人际交往的心结就会自动解开，许多心理学陷阱就能很容易被识破，否则就会四处碰壁，影响个人关系网的建立和维护，更不用说左右逢源了！

第六章

商战中的心理学陷阱

世间经商的人成千上万，为什么有人总是顺风顺水，能够赚得盆满钵满，而有人却处处碰壁，甚至血本无归？其中的奥秘就在于成功的商人能够洞察顾客的行为，发掘经营决策的心理规则；能够透视对手的心理，揭示纵横商场的心理秘诀。本章的心理探索之旅，给您展示经商中经常遇到的心理陷阱，为您揭示经商心理学的真正秘密，让您在商海中自由驰骋！

投资中的心理学陷阱

伴随着中国经济的持续发展，广大国人的投资需求日益强烈，然而也面临着投资风险的增加。由于投资行为本质上是人类的一种心理活动，所以，了解和掌握投资活动的心理规律与特点，了解引发投资者决策失误的心理陷阱，尤其是有效消除他们心中的种种疑惑，帮助其跨越心中的重重误区、战胜人性的弱点，真正达到超越自我的投资新境界，便具有了重要的现实意义。

第八章 谈判中的心理学陷阱

谈判无小事，凡事要精心盘算。谈判中处处都是陷阱，不懂心理学就不会在谈判中获利，谈判中心理学的运用包括很多方面，诸如谈判时机、谈判战术等。谈笑风生中尽藏玄机，双方都有自己的小算盘，谁技高一筹，谁就能稳操胜券。

第九章

打好心理战，赢得心理较量

人生就是一场心理博弈。生活就是一场心理较量，心理学知识和策略会在任何时候都能派上用场。我们说话办事，不仅要凭自己的诚意和能力，还要有眼力和心计。掌控人际交往的主动权，看穿别人的心理诡计，避开心理陷阱，走出心理误区，发挥心理优势，使自己避免遭受挫折和损失。有效地发挥自身的影响力，顺利地落实自己的计划，才能获得事业上的成功、生活上的幸福。

婚恋中的心理学陷阱

心理学是一门关于灵魂的科学，对于一个人的爱情、婚姻有着重要的影响，有时甚至起到了决定性作用。婚恋中每时每刻都在上演着一幕幕的心理战，说不定现在你的身边就有一个人正在对你使用着心理战术呢！掌握一点心理学，就能够从恋人的举手投足之间读懂其心意，从而见机行事；就能够从恋人的一个小习惯、一个小细节识别其为人，从而为你所用；就能够从一个眼神、一句话判断出一个男人内心的隐秘，从而让你把握爱情的机缘，抓住人生的幸福，躲过感悟的陷阱。

1. 暗示效应：造成心理上的既成事实

人在生活中无时无刻不受到他人的影响和暗示，从而出现自我认知的偏差，心理学上将这种效应叫“盲目从众心理”。陷入这种效应就极有可能掉入别人设计的圈套，恋爱也不例外。

暗示效应和“盲目从众心理”是指个人受到外界人群行为的影响，而在自己的知觉、判断、认知上表现出符合于公众舆论或多数人的行为方式。这种心理缺乏分析，不作独立思考，不顾是非曲直地一概服从多数，随大溜。学者阿希曾进行过从众心理实验，结果在测试人群中仅有1/4～1/3的被试者没有发生过从众行为，保持了独立性。可见它是一种常见的心理现象。从众性是人们与独立性相对立的一种意志品质；从众性强的人缺乏主见，易受暗示，容易不加分析地接受别人意见并付诸实施。

生活中有不少从众的人，也有一些专门利用人们从众心理来达到某种目的的人，所以怀有这种消极心理的人在爱情上也很容易受别人操纵。人们都有“从众心理”，只要在人们观念上造成了既成事实，就是对方不同意也不行了。

《围城》中的孙柔嘉并不是唯一追求方鸿渐的小姐，虽没有让方鸿渐动心，但却是唯一成功的小姐。

与苏文纨“面如桃杏，冷若冰霜”相比较，孙小姐可是“满眼睛都是话”，她也不像天真无邪的唐小姐和爱卖弄“局部真理”的鲍小姐，孙小姐的工夫做在造舆论上，她知道如何先造成观念上的既成事实。

书中有这么一节：赵辛楣因为汪太太一事离开三间大学，委托方鸿渐照顾孙小姐，暑假回家，带了她回去交给她父亲。方鸿渐于是去传信，半路上正好碰上来找他的孙小姐。孙小姐便着意利用了这个机会。《围城》中这一段写得颇为有趣：

孙小姐走了一段路，柔弱地说："赵叔叔走了！只剩我们两个人了。"

鸿渐口吃道："他临走对我说，假如我回家，而你也要回家，咱们可以同走。不过我是饭桶，你知道的，照顾不了你。"

孙小姐低头低声说："谢谢方先生。我只怕带累了先生。"

方鸿渐客气道："哪里的话！"

"人家更要说闲话了。"孙小姐依然低头低声。

鸿渐不安，假装坦然道："随他们去说，只要你不在乎，我是不怕的。"

"不知道什么浑蛋——我疑心就是陆子潇——写匿名信给爸爸，造你跟我的谣言，爸爸写信来问。"

鸿渐听了，像天塌下半边，同时听背后有人叫："方先生，方先生！"转身看是李梅亭、陆子潇赶来。孙小姐俨然像医院救护汽车的汽笛声缩小了几千倍，伸手拉鸿渐的右臂，仿佛求保护。鸿渐知道李陆两人的眼光全射在自己的右臂上，想："完了，完了。反正谣言造到孙家都知道了，随它去罢。"

陆子潇目不转睛地看孙小姐，呼吸短促，李梅亭阴险地笑，说："你们谈话真密切，我叫了声，你全没有听见。我要问你，辛楣什么时候走的……孙小姐，对不住，打断你们的情话。"

鸿渐不顾一切道："你知道是情话，就不应该打断。"

李梅亭道："哈，你们真是得风之先，白天走路还要勾了手，给学生好榜样。"

鸿渐道："训导长寻花问柳的榜样，我们学不来。"

李梅亭脸色白了一白，看风便转道："你最喜欢说笑话。别扯淡，讲正经话，你们什么时候请我们吃喜酒啦。"

鸿渐道："到时候不会漏掉你。"

孙小姐迟疑地说："那么咱们告诉李先生——"李梅亭大声叫，陆子潇尖声叫："告诉什么？订婚了？是不是？"孙小姐把鸿渐勾得更紧，不回答。那两人直嚷："恭喜，恭喜！孙小姐恭喜！是不是今天求婚的？请客！"强逼握手，还讲了许多打趣的话。

鸿渐如在云里，失掉自主，尽他们拉手拍肩，随口答应了请客，两人才肯走。孙小姐等他们去远了，道歉说："我看见他们两个人，心里就慌了，不知怎样才好。请方先生原谅刚才说的话，不当真的。"

鸿渐忽觉身心疲倦，没有精神对付，挽着她手说："我可句句当真。也许正是我所求的。"

这里可以看出孙小姐同时亮出两手高招：第一，故意制造了匿名信事件，将原先子虚乌有的事描绘成满天风雨，这自然会在方鸿渐的良心上引起不安。第二，也是更重要的是，孙小姐不失时机"伸手拉鸿渐的右臂"，在李梅亭等人面前"暴露"了亲密恋爱的"真情"。从而，让方鸿渐彻底死了心，干脆将假戏唱成了真曲。

在婚姻大事上一定要保持独立的思考能力！

2. 利用“思维定式”偷梁换柱

“偷梁换柱”是指面对不利的局势，把真“梁”真“柱”很好地保护起来，用假“梁”假“柱”蒙骗对手，“梁”与“柱”是一个固有的概念，在人们心中会形成固有的“思维定式”，此计利用了对方心理上的“思维定式”，使得“偷梁换柱”取得成功。

要想用假“梁”顶真“梁”，用假“柱”换真“柱”，必须要对假“梁”假“柱”进行包装，让它在形貌上与真“梁”真“柱”相像或相似，才能“换”得巧，“换”得妙。

《红楼梦》里，贾宝玉娶薛宝钗一事，正是王熙凤想了“偷梁换柱”之计才促成的。

宝玉自从丢失了通灵宝玉之后，“终日懒怠走动，说话也糊涂了”，见了人只管傻兮兮地笑，失魂落魄似的。贾家请了许多大夫给宝玉来看病，药吃了一副又一副，可病情始终不见好转。没有办法，贾母从外面请来了算命先生给宝玉算命。算命先生说：“要娶了金命的人帮扶他，必要冲冲喜才好，不然只怕少爷这条小命也保不住了。”说到给宝玉娶亲，这“金命的人”非薛宝钗莫属，对于贾府来说，娶宝钗这样识大体的媳妇肯定是最合适不过的了，况且薛姨妈也早有这样的打算。但是贾母等人也深知贾宝玉心中只有一个林黛玉，如果他知道了给他娶的是宝钗而不是黛玉，那非但冲不了喜，而且简直可能是催命了。大家都感到十分为难。

这时候凤姐想了一个办法，她说："依我想，这件事只有一个'掉包儿'的法子。"

贾母道："怎么掉包儿?"

凤姐道："如今不管宝兄弟明白不明白，大家吵嚷起来，说是老爷做主，将林姑娘配了他了……"

于是贾府上下人等都知道说是娶黛玉，实则娶宝钗，但又不敢走漏了一点儿风声。而宝玉听说要与黛玉成亲，虽然说话仍是疯疯傻傻，但精神却好些了。

娶亲这天，新人头上顶着红盖头，宝玉全当是黛玉，况且扶着新人的正是黛玉从南边家里带来的丫鬟雪雁。宝玉看见了雪雁，更肯定了娶的必定是黛玉无疑，可他又哪里知道，雪雁是凤姐专门从黛玉身边叫来蒙宝玉的。待到宝玉揭开新人的盖头，发现竟是宝钗，而雪雁也不见了，但此时一切都为时已晚。"偷梁换柱"之计使得宝玉最终娶了宝钗而不是黛玉。

面对不利的局势，有些人利用对方的思维定式巧妙地制定对策，把真"梁"真"柱"很好地保护起来，用假"梁"假"柱"，蒙骗对方，从而达到自己的目的。

3. 陷入不健康的嫉妒心理

嫉妒也是爱情的一大敌人。说起嫉妒，不得不先说一下吃醋，因为两者是分不开的。吃醋是一定程度上的嫉妒心理。吃醋到了一定限度就成了嫉妒；嫉妒是一种不健康的心理。因此，在恋爱中，首先要掌握好吃醋的尺度。

某种程度上说，吃醋对爱情可以起到一定的积极作用。

（1）吃醋在某种程度上是爱的体现

没有爱也就没有嫉妒，没有醋意的爱情等于没有灵魂的躯壳。假如自己对恋人所做的一切都无所谓，看到自己的恋人与别的异性去春游、跳舞等，一点反应也没有，这实在不能说你是爱他（她）的。

（2）吃醋能促进爱的追求

例如，一个男孩对一个女孩，可能开始并没有很强烈的好感，但若发现某一天另外一个男孩正在苦苦追求这个女孩，那么他就会开始吃醋，并立刻加入到追求的行列中来。

（3）吃醋还可使女孩显得更加妩媚可爱

爱情具有排他性和独占性，正所谓“卧榻之侧，岂容他人酣睡”。女性的情感难以琢磨，一会儿怡然自得，一会儿愁云密布。当女孩发觉她的恋人对她的爱减弱时，她会采取疏远的行为，以退为进的方法，或声东击西，用故意对别的男孩表示好感的方法来刺激恋人的爱，锁住恋人的心。这种逆向刺激反应使对方神魂颠倒，强化爱的专注。因此，女孩子在恋爱中的撒娇、赌气、猜忌、泪水既是爱的伎俩，也是女性情爱中一道美丽的风景线。

要注意的是，醋意要有限度，如果太离谱，就变成了嫉妒。

其实，人类的嫉妒心理在公有制的原始社会并不存在。同样的道理，爱情中的嫉妒心理在群婚制的时代也不存在。它产生于一夫一妻制。在群婚制的时代，一个男人，可以和一群女人“结婚”，其中任何一个同某个男人或女人发生性关系的异性，都不会去嫉妒别的异性。在人类婚姻史上，夫妻制占据主导地位。两性关系在法律和伦理意义上得到框定之后，爱情就不仅仅是异性间的吸引，而是具有了更重要的特征，这时，爱情中的嫉妒心理就蓬勃发展起来。

与人在其他行为中的嫉妒心理不同，爱情中的嫉妒心理，几乎每个爱情中人都难以彻底摆脱。另外，自然的性嫉妒实际上可以促进爱情的发展与稳固。正如哲学家所说的，“爱情的快乐同人类的所有快乐一样，需要一定的刺激——愉快感的对立面。这种快乐绝不会长期‘晴空万里’（连一片透明的薄云也没有）。如果没有不快乐做陪衬，则快乐也会显得平淡。感受总是一幅色彩比较鲜艳的情感镶嵌图画。‘晴空万里’的爱情幸福一般都是很快就会消失。爱情的幸福是不能离开陪衬的感受而单独存在的。正因为如此，爱情需要薄薄的一层忧伤，需要一点点嫉妒、疑虑、戏剧性的游戏”。此外，嫉妒的危害也是很大的。心理学家弗洛伊德曾经说过：“一切不利影响中，最能使人短命夭亡的，是不好的情绪和恶劣的心境，如忧虑和嫉妒。”嫉妒心理犹如心灵的肿瘤，危害人们的身心健康。美国科学家通过调查研究发现，嫉妒心理弱的人在25年中仅有2%~3%的人患有心脏病，死亡率只占2.2%；嫉妒心强的人，同一时期内竟有9%以上的人患有心脏病，死亡率高达13.4%。嫉妒心理能使人体大脑皮层及下丘脑垂体促肾上腺皮质激素分泌增加，造成大脑功能紊乱，免疫机能失调，从而使自身免疫性疾病以及心血管、周期性偏头痛的发病率增加。嫉妒心强的人还常会出现一些不良现象，如食欲不振、胃痛恶心、头痛背痛、心悸郁闷、神经性呕吐、过敏性结肠炎、痛经、早衰等。强烈的爱情嫉妒心理，还会给爱情生活带来裂痕，如果处理不当就会发生矛盾，甚至会导致爱情的枯萎。

嫉妒也是恋爱心理中的心理障碍之一。

那么应该如何克服爱情中的嫉妒心理呢?

①要认识自我。分析自己是否过于敏感、缺乏自信。自卑的人容易产生嫉妒心理。

②分析嫉妒根源。嫉妒心的产生往往是由于误解所引起的，首先要搞清楚是不是误解了自己的恋人。

③积极消除嫉妒心。要主动进取、充实生活、转移注意力，比如将更多的精力放在工作上，就像培根说的：“每一个埋头沉入自己事业的人，是没有工夫去嫉妒别人的。”

④要学会控制情绪，尊重对方的感情。尤其是恋爱时，要允许对方有自己的人际交往空间。

4. 审美错觉：情人眼里出西施

“情人眼里出西施”的心理现象可以说是爱情的必要组成部分，但在心理学上又称作“审美错觉”。热恋中的男女，要正确看待审美错觉，否则将造成婚姻生活的不幸福。

心理学上的错觉是对客观事物的本质联系的一种错误知觉。这种审美错觉其实是很有意义的：它使情人发掘出恋爱对象身上更深层的美以补偿某种不足，可以推动爱情的发生与发展，而不至于使外在不美的人终生孤单。但如果审美者本身没有健康的审美意识，或者这种错觉发展到过分的程度，会产生消极的作用。在热恋中的男女竟会把对方很丑的特点认为极美，而加以誉扬颂赞。

人的价值观、人生观是产生审美错觉的内在原因。美丽的外貌容易引起人们对真、善的联想，从而产生好感，这是一种自然的心理反应。真、善的内在本质也容易引起人们对美的思考，从而产生美感，这是正常的心理效应。但无论对真、善的理解还是对美的欣赏，都离不开正确的价值观、人生观的引导。没有正确的价值观、人生观，就不会达到真、善、美的审美统一，就无法架起连通内在美与外在美的桥梁，甚至内心连对美好事物的追求和向往都没有。如果爱情没有了正确的价值观、人生观引导下的审美，就容易暗藏危机，导致日后婚姻和家庭悲剧的发生。如果审美错觉有悖于正确的价值观、人生观，一旦爱的激情日趋平息，光环效应随之消失，后悔就为时晚矣。特别危险的是被对方容貌的美丽光环迷住了双眼，忽视了其丑陋灵魂的情况。巴尔扎克曾对这种情况做了透辟的描述："在虔诚的气氛中长大的少女，天真、纯洁，一朝踏入了迷人的爱情世界，便觉得一切都是爱情了。她们徜徉于天国的光明中，而这光明是她们的心灵放射的，光辉所及，又照耀到她们的爱人。她们把心中如火如荼的热情点燃爱人，把自己崇高的思想当做他们的。"

特别是一些青少年，由于性心理的发育还不够成熟，常常不能冷静、客观地审视对方，见其优点而不见其缺点，甚至把缺点也看成了优点。例如有位女士爱上了一个颇为英俊潇洒的男子，英俊潇洒盖过了其他一切。当他有些粗鲁时，她却认为是豪爽；他挥霍浪费，她却认为是慷慨大方；他有些方面不老实，她却认为这是聪明机智；甚至他又和别的女人勾勾搭搭，她还认为这种英俊男子哪个不爱……直到她最后吃了大亏，才后悔莫及。热恋中的男女，要正确看待审美错觉。出现错觉无可厚非，但要通过正确的价值观、人生观来指导和修正这种审美心理。

5. 控制心理：婚姻不快的源泉

爱情生活中，相互的控制无处不在，很多的争吵都是控制与反控制的结果。诸如对某人的态度、饮食的习惯、家居的摆设、作息时间的安排、对孩子的教育、爱情开支等问题，每天有多少相爱的人在较劲、伤害、冷战、争吵甚至打架。人总有一种控制别人的心理和欲望，如果任这种心理发展下去就会陷入自己设置的陷阱而不能自拔。

案例一

涛是某广告公司的品牌经理，应酬很多，答应的事说变就变。他的妻子菲是自由职业者，总在家里。这天是他们的结婚纪念日。菲早早地准备好了可口的饭菜和礼物，要涛早点回家。他满口答应，无奈实在抽不出身，到了半夜还没回家，手机也不接。

菲很伤心，又困又饿，迷迷糊糊和衣而睡，眼角挂着泪珠。凌晨一点的时候涛终于回来时，妻子大发脾气，不听任何解释。此后几天，涛都千方百计推掉应酬，陪妻子，好容易菲有了笑容，可不久，老问题又来了。

案例一分析：必须明白这样一个道理：爱一个人，不是把一切都交给你控制，让事情只像你所希望的那样发生。爱情的权利不在于对方必须回报爱；爱情的意义不在于保证你一定可以得到照顾。害怕黑夜的女人，仍然需要准备独自面对黑夜。爱不可以交换爱，付出是自愿，得到是幸运。付出金钱可以得到某种东西，付出爱却不等于你可以得到爱。爱是双方的，只要两相情愿、互作多情，不管是和睦还是折磨，不管是不是幸福的爱，都是爱。爱的权利就是都自愿地为对方多做些事情，你不能比这要求更多。

案例二

红和丈夫住了好几年老旧楼，终于要搬新居了。没想到因为装修，小两口整日战火弥漫。红心目中的新居，要有情调，多放些装饰品，而丈夫认为装饰俗不可耐，不如实在点，搞套家庭影院；红要买一盏华丽的枝形吊灯，丈夫却觉得烦，枝枝杈杈的什么灯，吊在客厅里多难受。结果，红一气之下回了娘家，把丈夫扔在装修一半的新居里。

案例二分析：爱情中的相当一部分人，只了解自己不了解对方，而且喜欢想当然地强加于人。一个人家的摆设是一个人的信念的体现。在这个例子中，当没有条件按自己的意愿布置家居时，双方相安无事；有条件之后，两个人潜在的信念都被体现出来了，矛盾也就来了。为什么自己喜欢的就必须强加于人呢？爱的奇妙感觉往往使我们形成错觉和偏颇的信念。要知道，不管两个人多么相爱，信念却可以相差十万八千里。爱情需要信念的相互接纳与协调。

案例三

蓉和丈夫吵架，动不动就提上小包，夺门而去，不管什么时间和什么天气。这是她的杀手锏。丈夫只能追下去，找到在小区里转悠的蓉，好言劝回。时间久了，往往不等蓉拿起包来，老公就发话："又出去啊？烦不烦呢？"杀手锏没有了，蓉叹息道："以前是相互折磨，现在是自作自受。"

蓉和丈夫经常为了孩子的问题吵架。丈夫经常出差，回来给孩子买玩具、巧克力、动画片等。蓉见了立即出面，告诉孩子别要这些没用的东西，弄得孩子左右为难。丈夫要送儿子到一家高额赞助费但离家较远的幼儿园，蓉受不了每天长途接送。两人都诱导孩子否定对方的意见，结果又爆发了一场激烈的争吵。

案例三分析：要记住一点：不管爱情多么真挚，对方都不可能照顾你一辈子。不要以为找到了真挚的爱就找到了最终的归宿，就应该得到无微不至的、永远的照顾和保护。得到爱人的支持和帮助，当然是幸福；但是别忘了，爱你的人是会变的，什么时候都要保持你的独立性。

如果你把自己的人生托付给他，就给了他控制你的权利，你就没有权力抱怨了。既然你把照顾自己的权利交给对方，或者全盘接受照顾他的要求，那你就应该准备接受可能的烦恼与婚姻中的不快。

6. 男人的眼泪对女人是一种陷阱吗

眼泪是男人对女人的一大杀手锏，男人往往利用女人的同情心使女人掉入了陷阱。男儿有泪不轻弹，只是未到伤心处。如果你只知其一，而不知其二的话，那么你很可能会落入男人的眼泪陷阱中去。

有这样一个故事：

玲曾是个事业上成功的女人，也跟绝大多数女人一样幻想着爱情的浪漫。玲是在租房时认识强的。强是房东的亲戚。她因为相信房东，从而也相信了他。一来二去的，他们就好上了。玲以为找到了这辈子最渴望的浪漫爱情。强对她言听计从，就像一只小狗尾随身边。她如此的爱他，以至于自己打拼事业的时候不打车，把钱节约下来给他买贵重的礼物。她相信他的事业挫折只是暂时的。她深信爱就是无私的奉献。

随着时间的推移，玲发现强有个小毛病——拈花惹草。玲坚决要求分手。可是强却跪倒在地，痛哭流涕。男儿有泪不轻弹，这是她从小接受的根深蒂固的思想。一个七尺男儿伏地痛哭，看似痛不欲生，“母爱”的情怀油然而生，她就此原谅他了。他们和好如初。

他们筹划着结婚事宜，玲完全地信任强，把几十万的存款都交给了他，置办婚事。

一次偶然的机会，玲看见强跟一个女孩在宾馆里有说有笑。后来，她责问他，这是怎么回事？他说，我对你没有感觉了，我们分手吧，从此消失，连带她辛苦积攒的钱不见踪影。

她找到房东，房东的妻子说，你怎么不早跟我们说啊？你怎么跟他谈恋爱呀？他有犯罪前科。

从这个故事中我们可以看出，人们过分地相信“爱就是感觉”，“爱是两个人的事，跟其他人无关”，以至于会犯致命的错误。从另一个角度来看，眼泪无疑具有欺骗性。同样是眼泪，有的人是真诚忏悔，有的人是演戏。对于一个有犯罪前科的人来说，眼泪只是一种骗取信任的道具。认识一个人的眼泪是咸还是甜，恐怕仅靠眼睛还不够。

人们都说，“男儿有泪不轻弹”。女人天真地以为只要男人流泪了，就一定是动情的。殊不知，不同的人对“男儿有泪不轻弹”的理解是不一样的。对于有的男人来说，这句话只是随便说说而已，他可以随便承诺一件事情。

如果连眼泪都不能相信，我们又该如何看待别人的表达呢？如何识别哪些话是发自真心，哪些话是另有企图？哪些是经过脑子的，哪些是随口胡说的？我们的认知又是如何欺骗自己的呢？

所以，有时男人的眼泪对女人也有可能是一种陷阱，需要女人擦亮双眼区别对待。

7.“迷汤”能够灌死人

一个女人只要有权或有钱，她身边必定会有一些拍马逢迎的人，“贫在闹市无人问，富在深山有远亲”。他们的目的无非是要攀龙附凤，借你的权力或金钱之便，为自己谋取升官发财的机会。有的更是借此招摇、敛财、敲诈等，不一而足。

陈小姐快40岁了，还没有结婚。一次，她乘火车去看姑母，这时候走过来一位英俊的中年男子，他指着陈小姐旁边的空位很有礼貌地问：“对不起，请问这儿有人吗？”

陈小姐摇摇头，说了声请。这位先生便坐下来，非常爽朗地自我介绍道：“我叫李胜文，是深圳的开业律师，很高兴认识你。”

陈小姐朝他友好地点了点头。过了一会儿，李先生转过脸来仔细地打量着陈小姐，很惊讶地叫了一声：“天哪，怎么会这么巧，我们又见面了！”

陈小姐吃惊地望着李先生，脸上布满疑惑：“对不起，你肯定是认错人了。”

“不，我没有认错，你还记得去年夏天在北海海滨浴场吗？”

陈小姐摇摇头：“我没有去过北海。”

“你怎么会忘记呢？当时你在北海浴场时可真开心呢，你那么漂亮、迷人，我们好几位男士都被你迷住了，差点还为你打架呢。”

“这是真的吗？”陈小姐忍不住问自己。是的，她曾经梦想过自己要去北海海滨度假，可是一直没有成行。

“你真的一点都不记得了吗？当时你穿着一件浅绿色的游泳衣，上面还绣着几朵丝绒花，真是太漂亮了。”

陈小姐的确喜欢绿色衣物及丝绒花，今天她还穿着一件绿衬衣呢，领尖上分别绣着两朵绒花。不过，不细心的人是看不出来的。

“说真的，北海的牡蛎可真是不错，你吃牡蛎的样子可真够优雅的……”

李先生继续追述着去年他们在北海海滨的故事，陈小姐渐渐相信了他所讲的故事，还不时指出李先生讲述中不准确的地方。

接着，他们谈到了彼此职业生涯中的许多事情，李先生的故事一次又一次让陈小姐发出欢快的笑声。他们谈笑风生，谁都看得出来，他们是一对多年的老相识了。

车到广州站，李先生告辞下车，两人互留了电话号码。陈小姐一直目送他走出月台。

列车从广州站开出后，列车员走过来验票，陈小姐一摸口袋，大惊失色，她装有五千多港币的小包空空如也，火车票也不见踪影了。

列车员问清情况后，叫来了乘警。乘警把一本厚厚的照片簿摊开到陈小姐面前：“这是一些经常在我们列车上进行诈骗和偷盗的嫌疑犯的档案，你看能找出那个可恶的家伙吗？”

陈小姐打开簿子，一页页翻动着，其中一张照片上的人和李先生实在太像了……

这个故事再一次向我们说明：谎言说一万遍也会成为真理。那个骗子李先生一遍又一遍对陈小姐进行攻心战术，描述那次子虚乌有的北海海滨之行，让陈小姐在不断重复与强调中掉入幻觉之中，和骗子一道欺骗自己。

8. 择偶的心理误区

生活中有些人往往容易掉入择偶的心理误区，这种心理上的误区通常会使你的爱情走入死胡同。

现代社会，每个人的择偶心理各不相同，并且往往是多种心理的交织，只是以某种心理倾向为主罢了。现代人复杂的择偶心理，取决于社会时代背景下个人人生观、恋爱观、价值观等多种因素。

（1）追求外表美的择偶心理

在年轻人中，追求外表美的择偶心理是很普遍的；希望自己的对象漂亮点、英俊些是人之常情，但如果一味地追求这种外表美，则会进入择偶误区——仅靠漂亮的外表维系的爱情，往往是短暂和肤浅的：当岁月使容颜衰老时，爱情拿什么来继续呢？相对于漂亮的外表，一个人的品行、才干和经济基础应该是更重要的择偶条件，就像歌德所说的："外貌美丽只能取悦一时，内心美方能经久不衰。"

（2）追求完美的择偶心理

具有这种择偶心理的，也是以年轻人居多。年轻人选择对象时，往往事先制定一系列条条框框，凡不符合其中一两点的，哪怕其他方面都中意，都不在考虑范围。比如常听一些女孩子这样说："我的白马王子，要帅、要心眼好、要会关心我、要家庭背景好、要聪明，更要有钱……缺了一条，一概不考虑！"具有这种择偶心理的年轻人，常常等到成为大龄青年的时候才找到爱情，但对象往往也不是最初的完美形象。这是因为处处完美的人几乎没有，即使有几个，大家都抢着追，成功的概率又何其小；纵使终于抓到一个完美的情人，交往中不可避免的瑕疵也会使追求完美的人无法忍受；经历了孤芳自赏或几度甩人之后，年龄大了，不得已，委曲求全嫁了人。

(3) 金钱至上的择偶心理

在现代社会，拜金主义流行，这种择偶心理自然比较普遍。有很大一部分人，经济状况是择偶的首要考虑因素，婚姻是过上满足生活的手段。建立在物质、金钱基础上的爱情与婚姻，铜臭会淹没感情的温馨。再者，当金钱失去的时候，这种关系何以维系？择偶时，许多女性坐享其成的心理突出。许多女性不是想如何靠自己的双手创造财富，那样她们会觉得太累，总想走捷径，而最好的捷径就是嫁给一个富有的男人；如目前流行的嫁老外、大款就是这种心理的表现。女性对金钱的欲望往往通过结婚这种形式体现出来。如高尔基在《克里姆·萨特金的一生》中的感叹："女人比男人更贪婪别人的财物……"

(4) 寻找政治靠山的择偶心理

在官僚主义社会，这种择偶心理相当普遍，自古就有政治功能。比如众所周知的昭君出塞，还是一大壮举呢。通过婚姻打通自己的仕途之路，或者巩固官场上的裙带关系，即所谓的政治联姻。现在的中国社会，搞政治联姻的还大有人在。在他们眼中，感情算什么东西？婚姻又有什么了不得，什么浪漫的爱情更是荒谬，唯有仕途才是最重要、最迷人的。有政治目的的恋情和婚姻是可耻的。

(5) 游戏择偶心理

有一部分年轻人，朝三暮四、寻花问柳，以爱情为掩护去玩弄他人感情，以伤害别人为乐趣。这种人的人生观、恋爱观是无耻的，伤害了别人的同时也浪费了自己的青春。

男女的择偶心理多种多样，以上所述不过是几种基本的类型。无论持有什么样的择偶心理，都要牢记这样的格言：以利交者，利尽则散；以色交者，色衰则疏；以心交者，方能永恒。

（6）择偶条件苛刻，过于追求完美

女性择偶条件有时显得很苛刻，有的甚至脱离现实。如要男友的身高在一米八以上，差一厘米也不行。这样就人为地缩小了自己的择偶范围。她们在择偶时挑挑拣拣，高不成，低不就。有的女青年跨进大龄青年行列，仍在坚持择偶条件的既定标准而不肯降低要求，显得比较任性和好钻牛角尖。另外，女性由于受影视作品的影响，常将爱情过于理想化，在择偶时要求十全十美，也是不好的。

择偶时太过注重对方的外在因素是心理误区之一。有的甚至制定身高必须多少、身材必须怎样、容貌必须如何等硬性标准，不达标准不罢休。忽视了人的内在素质会给将来的婚姻埋下隐患。性格不合、兴趣迥异、好吃懒做等缺陷会使美丽的外貌顿失色彩，也会使婚姻最终走上末路；更严重的是，这可能影响你的命运、改变你的前途。比如，俄国文学大师普希金，娶了个美丽的女人，却最终因为她的美貌与贪图玩乐享受的性格而荒废了写作，更因为她而与人决斗，落了个英年早逝的下场。这是一个典型的因为太注重美貌而造成的悲剧。

（7）攀比与从众心理

由于女性的自尊心和虚荣心，女性在择偶时常有攀比心理。比如，自己的几个小姐妹的男朋友都身材高大，她就会担心选择一位身材略矮的男友将遭到姐妹们的小视，从而定下了身材高大的择偶标准。女性从众心理较强，如果同伴比自己强，她会觉得在她们面前抬不起头来。因此，她需要攀比，以便在同伴面前炫耀，令她们羡慕、嫉妒。

择偶时缺乏主见、太在乎别人的看法也是不可取的。毕竟是你自己的终身大事，一定条件下征求他人意见是有必要的，但最终做决定的是你自己，不要被他人的错误意见所左右。择偶时也不要跟朋友攀比：自己爱人的外在条件不如朋友的爱人，并不代表内在素质比他们差；目前不如他们，并不代表以后不如他们。人没有十全十美的，也没有一无是处的，对一个人要综合评价，不要因为他人而误了自己的幸福。

（8）过于相信一见钟情

一见钟情而定终身的美丽浪漫爱情故事，似乎在文学作品中更为多见，现实中较少，这是因为一见钟情是不可靠的。一见钟情只是被对方的某一优点所强烈吸引，而没有仔细考量其他因素，就草率结合。一见钟情的婚姻，往往会因为婚后生活中才暴露出来的个人缺陷而导致矛盾重重，或过早终结。

(9) 补偿心理

恋父恋母情结会导致爱情上的补偿心理。有些人从小缺少父母的爱护，为了弥补这种感情的缺失，择偶时就会无意识地选择在某些方面与父母相似的人。与父母相似，并不代表婚姻上会融洽，所以，婚后生活也很可能会不幸福。

(10) 自卑心理

有的人自卑心理严重，反映在择偶上，会比较随意地选择一个条件不如自己的人在一起，而且往往不会主动去追求对方。婚后夫妻生活中，这种自卑心理会有所缓和，不满足的心理就会凸显出来，婚姻也不会幸福。

9. 错误的结婚心理

热恋中的男女，头脑常常是不清醒的。许多自认为信奉“爱情至上”的青年，结婚的动机其实并不是真正的爱，而是掺入了许多其他的因素。在这种情况下，不必要的离婚悲剧和家庭危机便频频上演。

研究发现，常见的不健康的结婚动机有如下几种：

（1）出于同情

萧军和萧红是我国著名的文坛名家。他们的爱情纠葛为文人们所津津乐道。萧军侠义心肠，毅然将萧红救出困境。后两人在一起的文字耕耘和生活中渐生情愫，结为夫妇。但他们彼此的性格并不适合做夫妻，后来长时间分居两地。萧红去世时，也没能看到萧军最后一眼。

他们之间的婚姻很大程度上建立在萧军对萧红的同情心之上，因而导致了最后的悲剧性结局。富于正义感的人看到异性处于困境时，容易冲动地用婚姻去拯救，可结果往往是伤人又害己。同情心是可贵的，但不能作为婚姻的动机，这样是不会幸福的。

（2）报恩心理

伟最近感到非常痛苦，因为他发现自己的婚姻里没有爱。妻子是爱他的，可他对妻子至今未产生过真正爱的感觉。伟与妻子是一个单位的同事，当初她对他格外关心，经常主动给他打饭，还主动给他洗衣服，令伟十分感动。于是在报恩心理的驱动下，他接受了她的爱意，结为夫妻。可是他们的婚姻并不幸福。报恩心理和同情心理是相对应的一种结婚心理动机，也是不可取的。

(3) 为逃避不愉快的家庭

阿光的父亲喜欢喝酒，喝醉了就和阿光妈妈吵架，家里战火不断。阿光很讨厌这种家庭生活，经常借故不回家。他开始想早点结婚，摆脱这个战火弥漫的家。于是在朋友介绍下，结识了一个女孩，交往没几天就匆匆结婚。可婚后才发觉自己对妻子一点都不了解，两个人性格相差太远，战火比自己的父母还厉害。可是，后悔不也晚了吗?

为逃避不愉快的家庭而匆匆结婚，耽误了一辈子的大事。

(4) 一气之下的冲动

慧在毕业时收到男朋友的一封分手信，十分痛苦，也十分仇恨他。工作后，带着赌气情绪，她主动和单位的一位男同事接近，并结为夫妻。可婚后很多年里，她仍然放不下原来的男朋友，与丈夫过着同床异梦的生活。后来，她调动工作，和原男友不期而遇，多年的情愫再度迸发，引发双方家庭与婚姻的剧烈动荡，最终酿就了一场悲剧。

由于爱情受了挫折，很多人为了赌气而匆匆与人结婚，以为这样可以忘记前人、洗去屈辱或伤害到那个负心人。殊不知，这种缺乏理智的结婚心理，不仅伤害了无辜人的感情，也可能就此了结了自己一生的幸福。

(5) 屈从于外界的压力

华出生在干部家庭，父母都是当地政府要员。华读大学时谈了女朋友，漂亮聪慧又善良，他们感情很好。可是华的父母却极力反对，因为这个女孩家在农村，无权无势又没钱，跟华家没法比。他们给华找了一个“门当户对”的官家公主，全然不顾华的感受，并威胁说如不答应，就和他断绝亲子关系。慑于强大的家庭压力，华让步了，痛苦地和心爱的女友分手，极不情愿地和那个“千金”确定关系，不久后结婚。

门当户对又如何呢? 无非是官运亨通、有钱有势，可这些不一定能换来发自内心的幸福感。华的懦弱使他失掉了真正的幸福。

（6）冲动心理

有个小伙子和一位姑娘互有好感，可是任凭姑娘怎么暗示和催促，他始终不肯和她明确关系。姑娘急了，就向另一个小伙抛起了媚眼。这下那个小伙可忍不住了，急匆匆和姑娘确定了关系，谈起了恋爱。这就是一种冲动心理。就像买东西一样，当正在犹豫不决时，如果别人加入到购买的行列中来，你就会赶紧买下来。但拿回家后，冷静下来一想，才发觉这个东西对自己可能没什么用。

性冲动也是一种促使结婚的冲动心理。有些男性，为了满足性欲望而匆匆与并不十分了解的女性结婚。婚后，性欲望满足了，可其他方面却可能暴露出不可弥合的矛盾和差异，可能导致婚姻失败。正如著名心理学家霭理士所言："婚姻不只是一个性爱的结合，这是我们常常忘却的一点。在一个真正理想的婚姻里，我们所发现的，不只是一个性爱的和谐，而是一个多方面的、与日俱增的协调发展，一个生育子女的可能的合作场合，并且往往也是一个经济生活的单位集团。婚姻生活在其他方面越来越渐融洽之后，性爱的成分反而变得越来越不显著。性爱的成分甚至会退居背后以至于完全消散。而建筑在相互信赖与相互效忠基础之上的婚姻还是一样的坚不可摧。"

（7）年龄偏大

小刘是一个漂亮、苗条又有高学历的姑娘，工作很不错，家庭条件也好，所以对于对象的要求自然很高。看着同学或同事一个个踏上婚姻殿堂，她却还没有找到一个称心如意的对象，可标准仍然不肯降一点。熬到30岁出头了，她终于挺不住了，标准不得不一降再降，最后匆匆出嫁了，好歹结束了大龄单身生活，父母也松了口气。可这匆匆的婚姻怎么能好的起来呢？婚后不久，丈夫的各种缺点让小刘无法忍受，虽然有车有房，可一点幸福感也没有。可有什么办法，如果离婚，不但大龄而且属于离异族，再婚不会舒服，单身过一辈子更经受不起。懊悔当初挑剔的同时，她不得不忍受不满婚姻的折磨。

（8）因恋人怀孕不得已而结婚

性欲望的驱动下早尝了禁果，生米煮成了熟饭，并因不慎致女友怀孕，你不娶她谁娶她？你不负责谁负责？至于性格、人品、学历、家庭条件等各种其他因素，已经容不得你细细考虑了。许多年轻人匆匆结婚就是出于这个原因。碰巧了，除了性生活和谐，其他方面也合得来算是幸运；若合不来，那只有慢慢品味自己酿的苦酒了。

总之，健全的爱情心理素质是甜蜜爱情的坚固后盾。爱情的成功与失败，除了许多外在的原因，爱情心理是否健全也是十分重要的因素。

那么，健全的爱情心理有哪些特征呢？

①关心。关心首先是对所爱对象的密切关注，时刻在意所爱之人的种种感受和需要，并随时准备予以安抚和满足。

②专一。爱情最忌讳三心二意。一个人一生可能不止爱一个人，但不应该发生在人生的同一时刻。

③奉献。爱应该是一种主动的、无私的、不计回报的、勇敢的奉献。只有懂得奉献的人，才会获得真正的爱情。

④信任。信任就是尊重，只有你信任对方，对方才会信任你，无根据的胡乱猜疑，不会换来美满的婚姻。

⑤尊重。真正的爱情是两相情愿、相互尊重的。没有尊重的爱情，是残酷的占有，会让对方产生心理压抑，会剥夺了对方的幸福和应有的感情。

⑥自信。只有自信，才会有一定的心理承受能力，才会有魅力，才敢于主动地去爱别人，才敢于接受别人的爱。

⑦理解。理解万岁，爱情离不开理解。只有不断加深相互理解，爱情才能不断地升华。

⑧欣赏。爱情的欣赏不仅包括对所爱对象的欣赏，还包括对其周围一切有关事物的喜好。懂得欣赏，更懂得赞美，爱情才会更甜蜜。

⑨独立。独立就是坚强，独立的人不求缠缠绵绵，朝朝暮暮，而是为了爱情去奋力拼搏，给所爱的人一个幸福的家。

⑩宽容。宽容就是理解、同情与原谅。金无足赤，人无完人。真正的爱情永远值得珍惜，一方犯了错，如果真心悔过的话，为何不给对方一个重新来过的机会呢。

10. 再婚的不良心理

婚姻心理学者认为，第二次穿上结婚礼服的人，必须消除可能存在的几种不良心理，才能使再婚生活幸福美满。

（1）怀旧心理及调适

这种再婚不良心理，多见于原配夫妻感情深厚、一方因故死亡的再婚者。此类人再婚后会时常流露出对原配偶的思念之情，最易引起再婚配偶的痛苦与嫉恨，不利于再婚生活的幸福。有些丈夫或妻子看到爱人有触景生情怀念前人的情况，就认为在爱人的心目中，自己的地位还不及她（他）的先夫或先妻，由此对爱人表现出不满。这种做法并不妥当，结果往往适得其反。正确的做法应该是互相体谅与照顾。无可否认，爱情应该是专一的；但专一的爱情并不意味着要彻底清除已经逝去的爱情在对方心中留下的痕迹。同时，对怀旧一方来说，对原配偶的思念要注意方式和方法，尽量避免引起现配偶的不满，因为毕竟已重组家庭，需要对新家庭负责。

（2）比较心理及调适

由于其中一方或双方已经有过一次婚姻，再婚夫妻在进行外部比较的同时，还有内部比较。不能说这种比较不正常，关键是怎么比较。如果是用原配偶的优点与现配偶的缺点相比较，那就进入了一个误区。特别是当双方闹矛盾时，这种不公平的比较心理就越发膨胀——这种心理使人表现得处处挑剔与不满，会恶化其情绪、扩大同现配偶间业已存在的矛盾，非常不利于再婚美满。

人各有所长，也各有所短。应当积极地、全面地评价对方，了解对方，认识对方优点，帮助其克服缺点，使对方成为自己理想中的配偶。有矛盾时最好就事解决，不要进行有损感情的比较，更不要说容易伤害对方的话。伤害对方的同时，也使自己对重建的家庭失望，容易导致婚姻的再度破裂。

另外，再婚中，初婚的妻子或丈夫总喜欢问有过一次婚姻的爱人：我比她（他）怎么样？提出这个问题所希望得到的答案是不言而喻的，但却令对方左右为难。如果对方真心给出了令人满意的答案，什么都好说；如果不慎说错了话，难免闹起矛盾，岂不是自讨没趣？因此，这样的问题最好避免。

（3）嫉妒心理及调适

许多再婚者闻及配偶曾有过的痴情和幸福，便生出嫉妒之心，动不动提及配偶的前婚生活，不时地揭其隐私、捅伤疤，侮辱其人格，必然会影响双方的感情。

再婚夫妻必须防范嫉妒心理，要尊重配偶的隐私、感情与人格，重视其心理贞操，抚慰其受伤的心灵，才能培养出新的深厚情感，才能使两颗心紧紧地结合在一起，再婚生活才能幸福。

（4）报复心理及调适

婚姻破裂的受害一方往往对前配偶心怀怨恨，在重新选择配偶时会对某一项或几项条件特别苛刻。比如要求新配偶的外貌或某些方面必须超过原配偶，以释放自己的怨恨情绪，达到报复的目的。在这种心理的左右下，对新配偶的选择常带有忽视感情基础的盲目性。这样只会使再婚后家庭基础不稳固，报复不了那个背叛者，却只报复了自己。

婚姻心理学家指出，反思自己是十分重要的：重新评价一下自己在前家庭中的表现，找出曾经的误区，不断地完善充实自己，才有助于在重组家庭中做一个好妻子或好丈夫，提高二次婚姻的质量。

（5）惯性心理及调适

人们在婚姻生活中通常会形成一些特有的兴趣、爱好和生活习惯。

因此，当再婚后，双方都会一定程度上保持原婚姻中养成的特有兴趣、爱好和习惯，相互之间一时不能适应。尤其是性生活习惯，如果不主动去了解和熟悉对方的欲望、要求和技巧，很可能导致性生活的不和谐，进而影响夫妻感情。

再婚夫妻应当在尊重对方兴趣、爱好与生活习惯的基础上，扬长避短，相互忍让与协调，寻找一个折中解决办法，逐步建立起新的生活习惯。

（6）猜疑心理及调适

目前社会上有相当多的人认为离过婚的人定然是有严重问题的人。这种观点缺乏依据，不符合事实。其实，生活中有相当一些离婚情况不涉及道德问题，只是因为夫妻双方性格不合、感情破裂而已。但是这种不正确的观念却左右着相当一部分再婚者，比如双方发生矛盾时，猜疑心理就会显露：如果他（她）是一个好相处的人，为什么同他（她）原来的爱人合不来，而要闹离婚呢？这种猜疑心理的存在，对于夫妻间的真诚相处非常有害。另外，再婚夫妻一方或双方鉴于前次婚姻破裂的经验教训，在财务问题上也往往不信任对方，戒备心理常在，于是实行经济封锁、斗心眼、留后手、闹独立，使现实家庭名存实亡，毫无温馨可言。

要避免这种情况的发生，主要在于消除对离婚者的偏见。这种偏见常使离婚者不敢向新的恋人如实袒露自己离婚的原因，而往往把责任完全推到原先的爱人一方。其实，把自己的弱点、缺点乃至错误毫不隐瞒地告诉双方，会加深相互信任与了解，有利于感情的稳固。在财务上，既然重建了家庭，就应该毫无保留地共同使用一切财物，这样才能密切夫妻感情。

（7）自私心理及调适

再婚夫妻容易在自私心理的作用下各自偏袒自己的亲生子女，由此家庭战火常燃。如何正确处理和亲生子女及继子女之间的关系，是关系到再婚生活是否幸福的关键问题。

11. 巧女人8招识破花心男人

花心男人假如屡屡得手，必然是有恃无恐越发猖狂，同时，越来越把你当傻瓜。所以，尽早识破花心男人，既可维护社会安定，也可维护你的个人尊严。在这个问题上，女人可以通过男人的种种外在行为透视他的心理，从而识破男人心。

无论如何，花心的男人是女人幸福的一大致命伤，花心的男人带给你的不幸远远大于他给你的激情享受。

（1）看他对你突然去他家的反应

如果他是花心男人，他一定不情愿带你登他的家门，即使你要求他这样做，他也会支支吾吾地想法拒绝。你可径自到他家楼下，打电话给他，解释说出来逛街恰巧路过，然后要求上门拜访他的父母。如果他惊慌失措地出言拒绝，那一定是心里有鬼，即使不是花心，也是难以信任的，和他交往还是小心为是。

（2）看他在公共场合对你的态度

花心男人只会在和你独处时百般亲热，甚至提出越位的要求，而在公共场合，他会装出一副谦谦君子模样，和你保持距离，更不会把你当做女友介绍给他的朋友。如果你们在一起时恰好遇到他的朋友，你应要求他为你介绍，注意他介绍你时使用的称谓及他的表情。此招若不灵，就找机会在他的朋友面前和他做一些亲昵的举动，看他的反应，要是他的朋友知道他和别的女人有染，他一定会狼狈不堪。

（3）看他加班、忙业务时究竟在哪儿

为了有时间和其他女人约会，花心男人经常谎称自己工作忙，需要加班，或者生意上有其他应酬。你可以打电话到他的单位，看他是否真的在忙工作。这件事也可以让你要好的朋友去做，这样更稳妥一些。如果结论是他说了谎，那你就需要重新认识这个男人了。需要指出的是，这一条务必慎重，仅凭本条是没法最终定案的。

（4）看他是否固定时间和你约会

花心男人往往要多边作战，所以，他会尽量固定和你约会的时间，这样才不会发生冲突，可以避免差错与误会。你可选择一个你们不常约会的时间，不打招呼，突然出现在他的面前。如果他一脸惊喜，说明他深爱着你，随时期盼你的出现。如果他露出尴尬或惊慌的表情，纵然你是个愚蠢的女子，也一定知道是怎么回事了。

（5）看他在你突然试探时的表情

刚和另一个女人鬼混完，来到你的身边，花心男人也会心怀愧疚，因而，他就会大献殷勤，帮你洗衣服做家务，或送你小礼物。你可向他表示感谢，和他缠绵一番，在他自以为高明而心怀激荡的时候，在他的耳边轻声地说："昨天，我的一个朋友看见你……"如果他心里有鬼，他一定会激灵一下，急促地问："看见我怎么了？"此招屡试不爽。

（6）看他爱的意趣是否经常改变

男人很容易受身边女人的影响，从而选择不同品位与意趣的衣服，不同品牌的烟、酒等，一旦他突然改变了习惯，很可能就是他的身边有了别的女人。

你可以买一串项链给他，嘱咐他时刻都要戴着。如果他约会别的女人，他就一定会摘下这串项链，戴着一个女人送的饰品去和另外一个女人亲热，毕竟是一件挺忌讳的事，甚至，他会换上另一个女人送的项链，那就很难避免疏漏了，你只需静静观察好了。

（7）看他的手机状态及接听方式

和一个女人约会的时候，如果另一个女人打电话来，是一件令人头疼的事，所以，花心男人中的老手都会把手机的声音关掉，改为振动。

在和你约会的时候，如果他的手机没响，却一个人溜到阳台上去接电话，他多半有不可告人的事情。找机会留心一下他手机上的留言与电话，或许会有所发现。

（8）看你周边女人对他的关心度

据调查，花心男人常常与你相熟的女人鬼混。花心男人很狡猾，有时候伪装得很隐蔽，令你无从发现，但从你相熟的那个女人身上却往往很容易发现破绽漏洞。女人都有一种独占欲，和别人分享同一个男人是一件挺痛苦的事，所以，你会在一些细节小事上发现，她对花心男人细心而温柔，对你却躲躲闪闪，甚至抵触，留下几个并不怎么美丽的白眼。没有比这更能说明问题的了。

第二章 消费中的心理学陷阱

为什么有些产品一上市就受到消费者欢迎，而有些店面总是门可罗雀？销售就是一场心理博弈战，只有读懂消费者内心的人才能立于不败之地。销售，是销售人员与消费者之间心与心的互动。销售人员不仅会洞察消费者的心理，了解消费者的愿望，还会设计灵活的心理应对方式，以达到销售的目的。简言之，销售就是察言、观色、攻心！那么从消费者的角度来说，就需要识破销售者经常用的心理战术，从而避免掉入销售者设计的陷阱，真正做到理性消费。

1. 旁观者效应：制造蛊惑人心的氛围

心理学认为，周围的人如果都把“黑”说成“白”，久而久之，你也会觉得黑的就是白的。在这个时候，人们不会问起责任的分配，且容易受到潜意识的控制，无理性情感冲动以及易受暗示等状况都会出现，这就是以色列心理学家雷格·巴荣发现的“旁观者效应”。

当一堆人在一起的时候，大家心里就会产生让别人先做的思想，反正人多，总会有人做的，自己不要第一个做。这种心理导致了很多不合理的社会现象，同时很多的经济、管理等现象都可以得到解释。

以前的从政者为了以少数意见来控制多数人的行动，曾动了不少脑筋。比方说，纳粹德国独裁者阿道夫·希特勒要演讲的时候必定选在黄昏，以右手高举的姿势，迎着夕阳余晖，出现在群众面前。为了使听讲的群众更集中，包围在群众外的希特勒保卫队员们都一致地往中间靠拢，以使群众圈不断缩小。接着，几个保卫队员就开始喊着：“希特勒万岁！”群众们不知不觉地受到这种气氛的影响，陆续地有人跟着喊道：“希特勒万岁！”不多久，全场的人都跟着一起喊起来了。

以心理学的观点来分析，一个人在大团体中的个人意识会减弱，他会跟着别人一起融入整个团体意识里。在这个时候，人们不会问起责任的分配，容易受到潜意识的控制，无理性情感冲动以及易受暗示等状况都会出现。因此，一个人的动作、言辞，有时会对群众产生出人意料的影响力。这种暗示性随着从众人数的增加、密度的提高、接触的频繁等因素，而愈加明显。在我们的身边也有许多例子可以印证这种从众心理的倾向。

例如，在百货公司的拍卖场上，主妇们看到抢购的人潮，不禁也会上前加入人群中，经过一番推挤、争抢，提了大包小包地回家，才发现买了许多不必要的东西。这种经验相信你也有过吧？还有，年轻人在参加爆满的热门音乐会时，常会因太忘我与情绪激动而发生一些意外的伤害事件。在密闭的空间中，塞得满满的人群也是容易受情绪感染的，比如在影院里，人们随着剧情与周围人的反应而掉泪、大笑、发怒等。

因此，一旦在这种情况下，当从众心理已达相当敏感的程度时，只要经营者稍做暗示就很容易操纵他们，销售的目的也就达到了。

周遭的环境非常容易影响一个人的心态，个体在团体中往往会丧失自我意识，因此，制造蛊惑人心的气氛很重要。

2. 鸟笼逻辑：巧用数字赢人心

经营者善用“朝三暮四”技巧，变着花样，使对方相信这根本没变的东西，而其中的关键就是巧用数字蒙对方。比如，目前很流行的分期付款商品推销术，就是一种巧用数字的心理战。

心理学上有个概念叫“鸟笼逻辑”，挂一个漂亮的鸟笼在房间里最显眼的地方，过不了几天，主人一定会做出下面两个选择之一：把鸟笼扔掉，或者买一只鸟回来放在鸟笼里。这就是鸟笼逻辑。过程很简单，设想你是这房间的主人，只要有人走进房间，看到鸟笼，就会忍不住问你：“鸟呢？是不是死了？”当你回答：“我从来都没有养过鸟。”人们会问：“那么，你要一个鸟笼干什么？”最后你不得不在两个选择中二选一，因为这比无休止地解释要容易得多。鸟笼逻辑的原理很简单：人们绝大部分的时候是采取惯性思维。巧用数字的销售诡计就利用了人们的惯性思维。

男人在追女人时，可以巧妙运用数字。

假定200元一辆女式自行车，而你所有的钱也不过两万元，如果你说你有两万元，女方一想还不够举办一次婚礼呢。但当她对那辆200元的女式自行车赞不绝口的时候，你再说：“亲爱的，我可以买100辆送给你。”她一下高兴坏了，心想原来你有这么多钱，可以买100辆漂亮的自行车。

自行车和婚礼酒席当然没法比，这就是参照物不一样，数字一变动，效果也大不一样。同样，经营者做生意也一定会想办法说动对方的心思，让对方不再有异议，或者吃了亏也不知道。

我国古代一则故事说，一个老人准备早上拿三个、晚上拿四个栗子给猴子吃，结果所有的猴子都不高兴。老人当即变换了一下数字，说早上给四个、晚上给三个，结果所有的猴子高兴得跳起来。

这就是著名的“朝三暮四”寓言。经营者就要善用这种“朝三暮四”技巧，变着花样，使对方相信这根本没变的东西，而其中的关键就是巧用数字蒙对方。比如，目前很流行的分期付款商品推销术，就是一种巧用数字的心理战。

一台冰箱售价几千元，标价牌上却写道：“每月只需付 90 元，您就可以拥有一台质量上乘的冰箱。”从这块标价牌跟前走过的家庭主妇十有八九会产生这样的感觉：手头虽然没有多余的预算，但这么小的数目我家也买得起，只要省吃俭用一点就行了。由于这种错觉和由此而产生的冲动，这些家庭主妇会立刻买下冰箱。买货时很轻松愉快，但事后负重感与日俱增，不少家庭主妇每月要交 90 元钱，就连买菜的钱都要节省下来去交这些分期付款。

说得狠一点，这种推销术在某种意义上也是一种“欺骗心理战”，手头不宽裕的家庭主妇们很容易就向而往之了。再比如，聪明的家庭主妇在先生的零花钱上也往往巧用这种心理战。

如果某个家庭主妇每月给她先生 40 元或 50 元的零用钱，她的先生肯定会觉得太少而不满足，甚至生气，但她如果把 6 个月的 360 元，一次性交给她的先生，并说：“才半年，就给你360 元零用钱。”先生一定很高兴。因为这“半年”和“360”两个数字很容易打动先生的心。其实，平均下来，每个月只有 60 元。

巧用数字的家庭主妇往往能用较小数目的零用钱来使丈夫满足，并讨取他的欢心。别小看几个简单的数字，经你一变换就不简单了。

尽管只是“换汤不换药”，但是汤换掉了，最起码出现了一种新鲜的口味。巧用数字，多变花样，顾客也就很容易上钩了。

3. 留面子效应：制造“不买很对不起人”的心理负担

心理学家认为，留面子效应的产生主要是因为人们在拒绝别人的大要求的时候，感到自己没有能够帮助别人，损害了自己富有同情心、乐于助人的形象，辜负了别人对自己的良好愿望，会感到一点内疚。这时，为了恢复在别人心目中的良好形象，也达到自己心理的平衡，便欣然接受了第二个小一点的要求。

在商场，经常有这样的现象。比如，你在市场相中了一件衣服，一问价钱居然要 300 元。你打定主意这件衣服最多出 180 元。“对半砍”总不会错。

“150 元。”

“那不能卖，我连本钱都没有收回来，实在亏大了。这样吧，你再加一点，我就算给你带一件。”

“我最多出 180 元。”

“成交!”

你正偷着乐，以为只有自己掌握另外“秘籍”，其实精明的商家早就在暗暗地运用此策略了。是什么策略呢?

心理实验证明“留面子效应”的存在，想得寸先要尺，往往能实现目标。

心理学研究者查尔迪尼等人曾做过一项被称为“导致顺从的互让过程”的研究。研究人员将参与实验的大学生分成两组，对于第一组大学生，研究人员要求他们带领少年们去动物园玩一次，需要两个小时，但只有 1/6 的学生答应了这个请求。对于第二组大学生，研究人员首先请求他们花两年时间担任一个少年管教所的义务辅导员，这是一件费时费力的工作，几乎所有的大学生都谢绝了。他们接着提出了一个小的要求，让大学生带领少年们去动物园玩两个小时。不就两个小时嘛，太容易了！一大半学生都答应了这个请求！

在向别人提出自己的真正要求之前，先向别人提出一个大要求，待别人拒绝之后，再提出自己真正的比较小的要求来，别人答应自己要求的可能性就会增加。

“留面子效应”在销售行业很常见，往往在卖东西的时候先开出一个顾客不能接受的“天价”，当顾客一再砍价时再逐渐地减价格，结果当然是令人满意的双赢。

推销最理想的结果就是双赢，顾客买到了满意的东西，售货员得到满意的佣金，这样的交易才能做得长久。因此现在的推销员要学会让顾客高高兴兴“上当”的方法。看看下面的对话：

承保人：我们已经研究了你的情况，我们决定给你损失费，你可以得到 4300 元。

投保人：请问这个数字是怎么算出来的？

承保人：我们算了汽车值多少钱。

投保人：我知道这些，我想知道是按照什么标准算出来的。能告诉我用这些钱到什么地方可以买一辆相似的汽车吗？

承保人：那你想要多少呢？

投保人：按照保险单我该得多少就得多少。我发现一辆类似的汽车值 4900 元，加上各种税费，要 5300 元。

承保人：5300 元，太多了。

投保人：我不是多要钱，而是要合理的补偿。

承保人：好吧，我给你 4800 元，这可是我出的最高价了。

投保人：请说明我为什么该得这么多。我们为什么不再研究一下这件事呢？

承保人：好吧。我这里有一个广告，你这种类型的汽车只要 3400 元。

投保人：请问它已经行驶了多少公里？

承保人：49000 公里。

投保人：我的车只走了 25000 公里。应该再多加一些钱。

承保人：我想一想。5100 元。

投保人：行。

这个例子中的两个人就得到了双赢，两个人都满意了，最开始两个人的价格都令对方很不高兴，但最后的谈判结果就很好，这个投保人很恰当地使用了“留面子效应”。

我还看过这样一个故事，说一个商人把两个基本一模一样的玩具娃娃放在隔了不远的地方，第一个在顾客很容易看到的地方，标的价格很高，第二个价格却一般。没有人知道老板干吗要这么做，后来经过一段时间的观察却发现这样的奇怪现象：很多人在进店的时候看看第一个，一会儿惊奇地发现第二个娃娃，拿起来研究半天，什么都不说就买下来了。

我不禁佩服这个老板的精明了，他让人对比了一下，觉得第二个价格好像很便宜，而且还觉得可能是老板弄错了，于是赶紧买下来觉得自己占了便宜。就是这么一个小“骗局”，让顾客心甘情愿地往里面跳。

就像我们前面说过的，顾客都是想要便宜一点来买你的东西，他在你的第一次叫价之下买到东西他会觉得自己节约了，自己占到了一些便宜，有了挺多的收获，也愿意再来和你合作。

因此才有了要求打折、优惠、砍价这样的说法，而且人们都乐于此道，从中总是能找到令人满意的交易。

每一个推销员都是这样，要牢牢掌握“留面子效应”，并且应用到实际的推销中去。当然在这里有一点是要说明的，我们要记得，我们叫的高价在降价时不能随便地降，记住前面讲过的，我们要提高自己的期望值。

4. 放大镜效应：一叶蔽目

很多企业都热衷于使用“放大镜”广告术，就是将企业的最终目的及商品缺点完全掩饰，将微不足道的地方大肆宣传，令顾客只能看到局部，看不清本质，反而认为这是很了不起的商品，这就会在顾客心理上产生“放大镜效应”。

撰写广告文的作者辛苦创作推销要点的例子也不少，譬如：威士忌酒加冰块会变得更好喝；电器制品的开关有如钢琴的键盘，只要愉快地轻按，即可操作自如等，都是辛苦创作的例子。

所以，当有人询问撰写广告文的作者说：“你说这产品有很优良的性能，但它的优良地方在哪里呢？”确实，撰文者在广告文中写着“能先取得未来”或“专家也会赞赏”等如此夸大的文句，但此产品在哪一点上能领先获得未来，或能得到专家的赞赏却未明白详细地写出，并不是撰文者因文章或艺术方面的关系，才省略这些记述，而是无事实可供记述，顾客在看广告时，能有这样的想法才是正确的。

所谓无道理型，是将无道理之事硬要编出有道理的文句，其中会产生很幽默的事情。

譬如：“薪水袋不会稳稳地立着而不倒下，但存款却能稳固站立而丝毫不动摇。”

在这句广告文的旁边画着一个快要倾倒的薪水袋，以及一本稍微打开，站得很稳的存折簿，这是银行鼓励客户多存款的宣传，虽然广告宣传存款很可靠，但并不表示它很坚实，将稍微打开站得很稳的存折簿，与薄薄的薪水袋并排在一起，令人视觉发生错觉，认为存款非常可靠，这是以不成道理的道理来诉求，亦可谓是诡辩，但可算是乘隙的、优雅的诡辩。若想严格地追究广告的诡辩性，这是不易的，无法从企业内部收集情报。

5. 利用从众心理，故布疑阵

生活中也确有些震撼人心的大事会引起轰动效应，群众竞相传播、议论、参与。但也有许多情况是人为的宣传、渲染而引起大众关注的。常常是舆论一“炒”，人们就易跟着“热”。广告宣传、新闻媒介报道本属平常之事，但有从众心理的人就常会跟着“凑热闹”。

一般人都有一种从众心理，看到大家都这样做了，自己即使不明白也会跟着做。比如在电影院，如果前面有几个人突然回头，那后面的大部分人都会跟着回头，其实什么都没有。

有这样一幅漫画：

一个人闲着无事，在街上溜达，猛一抬头发现某个商店前面正有许多人排着长队，这人心中就想：“排这么长队一定有什么好东西卖。”因此，也没有打听清楚就排在别人后面。不一会儿，这个人后面又排了一长串人，就这样站了半个小时之后，排在后面的人忽然问他：“我们排这么长队，究竟是买什么？”这人也不知道。就问前面的其他人，可是前面的人也不知道，这样，又往前面问了两三个人，都说不知道。终于有一人沉不住气了，走到最前面去问，最前面的那个人却蹲在地面上，由于有人问他，他便回过头来不耐烦地答道：“你没看见地上有许多蚂蚁排长队吗？我正在欣赏！”

当然这是一幅漫画，可以一笑置之，但确也发人深省。有些人只要见到人潮拥挤，争先排队，往往不打听清楚就跟着去排队。如果老板能够利用好这种从众心理，就可以招徕大批的顾客，一时间门庭若市。

比如，你可以先找几个朋友，在你的柜台前“拥挤”不让，并大声叫嚷：“我先到应该我先买。”路过的人一看这架势，不管三七二十一，先排在后面再说。一个又一个路过的人排在后面，这样队伍越排越长，越排越热闹，一下子你的积压商品被抢购一空。

因为他看到前面的人抢着买了，心想肯定是好东西，不然不会这样哄抢。即使东西一般，辛辛苦苦排了这么久的队，不买点什么也很可惜，因此总不会空手离开。这样积压品卖得一干二净，还有人在陆续排队，你只好扯着喉咙喊今天的货已售尽。请大家见谅，明天这个时候再来，要早一点来！

当晚你就要放弃休息，坐出租车连夜去取货，保准第二天又销出一大批。

这就是从众心理帮助促销，一石击起千层浪，半夜一声鸡叫，弄得全村都以为天亮了，因为所有的鸡都从众叫了，不由人不相信，睡得再香也要起床。

当经营者的货物大量积压时，就会利用顾客的从众心理。

6. 用“移花接木”的手法给人提供想象空间

除了利用“故布疑阵”，使对方产生错觉之外，还经常用“移花接木”的办法，利用人们“眼见为实”和“先入为主”的思维定式，达到使对方相信的目的。

（1）巧妙利用“耳听为虚，眼见为实”

例如，伦敦一家曾经门可罗雀的珠宝店，为了摆脱岌岌可危的困境，老板决定采用移花接木的办法，要把他的珠宝店与王妃黛安娜联系起来。

一天傍晚，这家珠宝店突然张灯结彩，老板衣冠楚楚地站在台阶上恭候嘉宾。不一会儿，一辆高级轿车在门前戛然而止，黛安娜缓缓地从小车里走了出来，她嫣然一笑，亲切地向行人点头致意。人们见此情景便蜂拥而上，争先恐后地想一睹王妃的风采，久久不愿离去。有的少年还大胆挤上前去吻了她的手。路边的警察急忙过来维持秩序，防止围观者影响王妃的正常活动。

老板笑容可掬，感谢王妃光临本店，随即引王妃向柜台走去。售货员拿出项链、钻石、耳环、胸针等最贵重的首饰任其挑选。黛安娜面露喜色，爱不释手，连声称好……

预先早有安排的电视录像机将此情景一一摄入镜头，第二天便在电视台广为播放。虽然自始至终没有一句解说词，更没有诱导广告，但珠宝店名、地址却是相当醒目。这家珠宝店立即轰动了整个伦敦。

那些好赶时髦的年轻人，那些“爱屋及乌”的黛安娜迷们，立即蜂拥而来，珠宝店门前立时车水马龙，人们竞相抢购戴安娜王妃所赞赏的首饰。老板满面春风，亲临柜台，应接不暇，仅几天的营业额就超过开业以来的总营业额，而且生意一天更比一天好。

很显然，老板把珠宝店强行“嫁接”到黛安娜身上，借此来赚大钱的移花接木之计大获成功。

（2）只做不说，提供想象空间，由对方自己去想象

或许有人要问：并不是每家商店都会有王妃光临的时机呀？这里要说，如果王妃主动光临，那么商店与王妃之间的关系是“自然”形成，而不是因“嫁接”才得来的，也就谈不上使用“计谋”了。只有本无关系而变成了有关系的“嫁接”，才可称得上是用计施谋。我们说这家珠宝店的老板使用了移花接木之计，是因为还有下文。

珠宝店的生意越来越红火，也成了街谈巷议的重要新闻，于是震动了皇宫。皇家发言人不久郑重声明：“经查日程安排，王妃在那天绝没有去过珠宝店。”

人们都以为珠宝店的老板要被起诉上被告席了。然而老板却镇定自若。他承认从未有过王妃来过本店。那天盛情接待的女贵宾，是他煞费苦心找来的。她的气质、神态、举止、身材都酷似黛安娜王妃，经过美容师化妆，其发式等也都与黛安娜一模一样。但她毕竟不是黛安娜。电视台所播的录像从头到尾只有音乐，而未置一词，因此，珠宝店并未构成欺骗罪。人们想当然地误认为此“黛安娜”为彼黛安娜，那是他自己的事。

人们自己把珠宝店“嫁接”到王妃身上，珠宝店则只是知道尽可能多地推销珠宝。老板的“嫁接”技法何等高明！老板的说辞何等冠冕堂皇！

7. 猎奇心理：调动顾客的好奇心

顾客的好奇心是商家的卖点。商人做广告的目的就是宣传自己的产品从而扩大知名度。人通常都有猎奇心理，在本性中又有叛逆的因素，往往对不守常规的事物所给予的关注远远超过对那些循规蹈矩者的。

一般商家都会吹嘘自己的产品质量如何如何，唯恐有人说自己的产品不行，但这种“王婆卖瓜”的做法常常适得其反：其实只要变化一下，实事求是，说说自己产品的不足，也同样会赢得顾客的信任。

日本一家手表厂新生产一种手表，上市以后，一直无人问津，厂家做了许多正面宣传，但效果不佳。后来，该厂打出一则“贬低”新表的广告：“此种手表走得不太准确，24 小时会慢两秒，请购买时三思！”该广告实际上是通过“明贬实褒”的方式来反衬新表的优点，果然达到了预期效果，引起了顾客的注意，随即销路大开。

无独有偶，美国阿哈罗航空公司也采用这种手法，顺利渡过了难关：

1988 年 4 月 27 日，美国阿哈罗航空公司的一架波音 737 客机自檀香山机场起飞后不久，突然，“轰隆”一声巨响，飞机前舱顶盖被掀开一个直径达 6 米的大洞，一名空姐当即被甩出机外。驾驶员采取紧急措施，把飞机降落在邻近的机场上，令人惊异的是，除了那名不幸的空中小姐外，全机 89 名乘客和其他机组人员无一伤亡。有关人员立即赶赴现场，对飞机发生事故的原因进行调查。

波音公司面对严峻的考验，毫不惊慌，他们派出高级技术人员参与调查。随着调查的深入，波音公司还借助电台、电视台、报纸、杂志等新闻媒体大造舆论，对空难事件大加宣扬。波音公司的解释是：这是一架已飞行了20年、起落9万多次的客机，按照技术规定，它早该退休了。飞机过于陈旧、金属疲劳是造成事故的最主要原因，但即使是一架如此陈旧的波音737，它还能保证乘客无一伤亡，这证明了什么呢？只能证明波音公司的飞机质量的的确确是上乘可靠的。波音公司处变不惊，从容查清了造成空难的原因，并大加宣传，不但没有损伤波音公司的形象，反而使公司“因险得福”。事故之后，波音公司的订货成倍增加，仅国际金融集团和美国航空公司两家就订购了130架波音737，公司在5月份的订货高达70亿美元。

8. 熟人效应：警惕购物陷阱

中国人特别重视感情，出门办事总愿意找个熟人，以图价廉物美、称心如意，这种做法也是情理之中的事。但是，在市场经济某些负面影响下，有些熟人却恰恰抓住消费者这一心理专门“杀熟”，使消费者不明不白地挨“宰”。

为了保护自身的合法权益，广大消费者的消费观念应该走向成熟，托熟人办事时也要明明白白，做到心中有数，千万别稀里糊涂地上了熟人的当。一旦发现被“宰”，不要碍于熟人的情面不去讨说法，而要拿起法律的武器维护自己的合法权益。

(1) 宰你没商量

陈娟平素最怕到市场上买东西了，常常被人宰得体无完肤，购回家的时候还以为捡了个便宜。跟家人或同事一说，才知上当。

陈娟在银行柜面上认识一姓董的客户，他常去她们分理处办理存款转账等业务，来的次数多了便熟悉了，柜面人少的时候他们也聊几句。陈娟得知他和自己弟弟曾做过同事，现在董老板离开了原来的单位，开了一个通信门市。自己做自己的老板，混得不错，聊得投机越发像个故友。

一天，对面的同事想买张移动手机卡，和陈娟正谈着，董老板刚好到她手上来存款，她笑着颔首对他说，我同事想买张移动手机卡，你那儿有好的号码吗？

“有呀，我马上回门市帮你同事挑一张，明天带来如何？”董老板笑容可掬。

“那麻烦你了董老板。”同事伸着脖子对他说。

“哪里哪里，都是熟人，不要客气。”董老板一边点着钱一边答着同事的话。

“要不先给钱吧。”同事准备递钱过来。

“不用了，我明天带卡来，满意再说吧。”董老板临走的时候还追加了一句，“放心吧，包你满意的。”

隔天中午，董老板又来办转账业务，手机卡带来了，可对面的同事那天下午正好休息，陈娟问董老板：“多少钱？”

“要啥钱，都是熟人，拿去用好了。”说着将卡递进柜面。

“那不行的，哪能让你出钱？”陈娟解释说。

“那就收你同事个成本价 130 元，我卖给陌生人都是 140 元。”董老板一脸笑容可掬的样子。

陈娟本想接下，可又吃不准同事是否对这号码满意？打了好几次同事家的电话，没人接。董老板见状，说：“那我明天再当面给他看吧。”陈娟只好抱歉地向他笑笑。

正好晚上班上有个连班会，同事来了，她将此事对他说了，同事也很高兴。散会后，他们一起结伴回家，路过董老板开的那个移动通信门市，遂拐进去，董老板不在，营业员接待的他们。

他们问营业员：“有卡吗？”

“有呀，你们要什么号？”营业员说。

陈娟随口报了董老板给同事那卡的号码，营业员看了眼电脑说：“可以呀。”

同事接着问：“多少钱？”

“100 元！”营业员开价。

同事拿腔拿调地说：“贵了，贵了，能少点吗？”

“95 元，真的不能再少了。”营业员无奈地摇摇头。

同事豪爽地一甩手说：“成交。”

走出店门，陈娟和同事面面相觑，哑然一笑，随即放声大笑。人家说宰熟不宰生，这次让她深刻体会到了。

（2）忽视知情权被"宰"，托熟人办事也要明明白白

近年来，随着消费观念的日益成熟，人们越来越重视保护自己的知情权，力争做到明明白白，以免被"宰"。但人们往往托熟人办事时，却因忽视了知情权，时常不明不白地被"宰"。

有一位朋友正在给新居装修，年前，他托熟人订做了一套塑钢门窗。熟人说既然是朋友，肯定会给他最好的质量、最优惠的价格，朋友很开心，只知道一个劲地感谢对方，根本没想到要签订书面协议。可谁知前几天塑钢门窗安装好后，那位朋友却发现窗户比例不协调，厂家为图暴利在生产过程中偷工减料，导致门窗质量存在问题，而且价格同市场同类产品相比并不便宜。此时此刻，朋友方知上了当，可由于托熟人办事，没有签协议，要想维权都很难。

某单位职工小王也是因为装修托熟人购买木材，熟人拍着胸脯，信誓旦旦地答应从木材厂直接进货，一分钱差价也不赚。结果，小王将木材运回家才发现这批货还是被"缩水"了。

憨厚的老王在熟人处买了台空调，熟人说是自己人，以进价 8800 元卖给他，比卖给别人便宜 100 多元，就算给他捎带一台。老王一个劲地感谢，还回报了熟人一条价值 50 元的香烟。谁知，几天后，老王在逛市场时，无意中发现品牌、质量完全相同的那台空调在一商场的标价才 8700 元。老王连呼上了熟人的当，发誓以后再也不在熟人处购物了。

在洛阳，小李 3 岁的女儿因吃饭不正常却偏爱吃零食而显得过于"苗条"。熟人说小李的孩子缺钙，郑州有一种婴儿补钙的特效药，但不易买到，若小李需要，他让在郑州工作的儿子托人购买。为了小女儿的健康成长，小李忙拿出 200 元钱交给熟人。可当小李感激地从熟人处接到那特效补钙药不久，便发现那所谓的特效药在洛阳就有卖的，且每盒 180 元。原来熟人的儿子是那补钙药的传销员，而国家早已禁止传销了。

中国人特别重视感情，在购物时愿意找个熟人，以图便宜、放心也是情理之中的事。但是，在市场经济某些负面影响下，有些熟人却恰恰抓住消费者这一心理专门"宰熟"，使消费者不明不白地挨"宰"。

为了保护消费者的合法权益，希望广大消费者更成熟些，托熟人购物时也要明明白白，做到心中有数。当熟人主动、热情地向你推销商品时，更要当心，千万别稀里糊涂地上了熟人的当。

（3）提醒消费者在熟人处购物时也要索要发票

熟的最大弊端是消弥原则、制造漏洞。原以为人熟一通百通，万事便利，实际是人熟一叶障目，难辨真伪。倘若发现被熟人“宰”了时，不要为了碍于情面不讨个说法，而要拿起法律的武器维护自己的合法权益，公开才能公平、公正，有利于防范陷阱泥潭，这才叫“道是无情却有情”。

9. 身份意识：越贵越好卖

高档服装商充分迎合富有阶层的这种“身份意识”，抓住了消费者的个性化需求，符合消费者的身份意识。

打官司时有钱的找大律师，没钱的找无名律师，收入不同，可承担得起的服务也不同。

奢侈的名牌高档服装遵循越贵越好卖的原则。对于处于衣服价格就是身份象征错觉之中的富人来说，拥有这种消费心理是正常的，但是，不管是如何富有之人，都不会蠢到同样的衣服非得比他人买得贵一点。由此，所谓“越贵越好卖”的衣服常常指那些名牌而款式独特、数量有限的衣服。所以，专业经营高档服装的商人鲜少在专柜里陈列两件同样的衣服。“物以稀为贵”，有钱人要的就是通过高档服装品牌来显示自身社会地位和品位档次，如果自己跟满街人穿相同式样的衣服，自己的身份和优越感就显不出来了。高档服装商充分迎合富有阶层的这种“身份意识”，抓住了消费者的个性化需求，在“稀”字上做文章，让他人跟不了，同时把定价抬高，提供贵族般服务，让富人在掏腰包的时候充分体验金钱带来的满足感。

这种分阶层、分等级实施差别化服务的现象并不只限于服装，医疗、法律、航空、铁路等服务也一样。正为生计发愁的低收入的人只要不是病到起不了床、下不了地的程度，是绝对不会考虑去医院的。相反，一些有钱人为了拥有埃及艳后的鼻子而在整形医院里一掷千金。

当然，这里不能绝对说富人用的东西就一定贵得令人咋舌，普通百姓就不能进东京银座的高档店里咬牙买件衣服。人们要买什么样的东西，由个人的价值观来定。消费者或厂商等所有的经济主体都希望从自己的有限的条件中获得最大的满足和利益。供给者只有掌握并灵活运用消费者的这种心态，才能实现利润最大化。对于高收入层首选的商品或服务，只有添加进去更多的附加价值，实现价格上的差异化才能获得他们的青睐。对高收入层与平民层实施价格差异化，市场的需求差异化就能产生，根据需求来供给，这不正是企业的本质特性所在吗？

那么，价格上涨多少，才能让高收入层欢欢喜喜地掏腰包呢？要想知道这个问题的答案，首先就要知道这些阶层的“特别需求”是如何出现的。一般来说，随着收入的上升，某品种的商品或服务的需求也将大幅增加，但也有例外的时候。举例来说，虽然收入增加了，但对粮食的需求并没有多大的变动；相反，对肉类的消费却在大幅增加。收入每增加 1 个百分点，对肉的需求可能就相应增加数个百分点，这在经济学上被称为“收入弹性”。收入弹性反映了由于收入变动引起需求量的变动幅度，即需求量的变动量与收入的变动量的比率，这个比率称为“弹性系数”。需求量将随着收入的增加（减少）而增加（减少）的商品在经济学中被称为“正常品”。其中需求收入弹性系数介于 0 和 1 之间的商品，需求量变动的幅度小于收入变动的幅度，如粮食等。弹性系数大于 1 的商品，需求量变动的幅度大于收入变动的幅度，称为“奢侈品”，如珠宝、笔记本电脑等。通过上面的分析，我们可以得出这样的结论：生活必需品的需求收入弹性比较小，而奢侈品和耐用品的需求收入弹性比较高。

收入弹性高的奢侈品和服务的需求会随着人们收入的增加而增加，观光、美容、购车、差异化的服务等全部归属于此。由此，企业根据消费者的收入等级来实现各品种的差异化价格是自然而然的事情。需求者心甘情愿地支付较高的价格，当然也要获得高级的、差异化的服务。酒吧里的酒价格较高，但客人还是络绎不绝，就是这个道理。不问价格，只关心是否是名牌商品，即使是基本相同的服务也要分为一等、二等、三等，每提升一个等级，其价格也随之上涨一个等级。但是，当需求以一种较高的比率增加的时候，服务或商品提供商在涨价的同时，也要想办法为商品加进更多的附加价值来实施差异化服务。

收入增加后，乐于享受与身份相符的消费的人视这种差异化的价格为当然的价格，也有一些人即便是拥有了较高的收入，还不忘自己当“蝌蚪”的那会儿，于是仍然保持着艰苦朴素的精神，咬紧牙关过苦日子。哪一种生活更好呢？这与个人的价值观相关，不属于经济学家思考的范畴，但想拥有埃及艳后鼻子的人一定要做好接受差异化高价格的准备。

10. 登记效应：票价为何如此低

商家总是想办法区分消费者的类型，迎合消费心理，努力提高自己的经营效率。

纽约的国立自然历史博物馆是世界上同类博物馆中的翘楚，但是收费却出奇的低。一位作家问馆长："这么一点门票的收入，怎么能够维持开销呢?"馆长回答："我们根本不靠门票的收入，这只是做个样子。"作家有些诧异地问："做个样子那又何必呢?"馆长回答说："如果我们完全不收费，必然会造成许多闲杂人员涌入，因而破坏了整个博物馆的气氛，所以我们要求象征式的买门票，钱虽然不多，却表示了对博物馆的尊重和诚意。"

那位作家认为，这个故事说明了人们所需要的通常并不是钱，而是那小小几块钱后面的一点诚意、一些温情和一片真心。这种理解固然不错，但是从博弈论的角度来看，博物馆这样做的目的，恐怕更多的还是为了通过收费的形式，把真正的艺术爱好者与所谓的"闲杂人员"甄别开来，以更好地保证高效服务。

市场交易的目标就是利益的均衡。而均衡有两种模式：混同均衡和分离均衡。所谓混同均衡是使所有人都愿意接受的选择，分离均衡则是向不同的人提供不同的选择。上面故事中的博物馆虽然是非营利的公共服务部门，分离均衡的思路也是不错的。

斯蒂格利茨证明了在竞争市场上，混同均衡是不存在的。也就是说，之所以不存在一个使高丢车概率的人和低丢车概率的人同时选择的保单，是因为保险市场存在竞争。

在前面的例子里，有的人因为经常丢车，所以积极投保，哪怕要为此付出相对较高的保费支出。不经常丢车者，就只会选择赔率较低且保费也较低的投保合同。在这样的情况下，一份保费标准统一的合同肯定会流失一部分客户——或者是嫌保费高的客户，或者是嫌赔率低的客户。为了在市场上更有竞争力，保险公司一定会设计出更多的合同，吸纳不同要求的客户，而不会使用千篇一律的标准合同。

分离均衡与信息传递的不同之处在于：拥有不同信息的人通过信息传递，把自己与竞争者分离开来。而分离均衡则可以使不拥有信息的人设计出一个机制，使拥有信息的人不隐瞒信息和行为，也就是设计一个分离不同信息的人的机制，进而提高市场效率。

一般来说，分离均衡的实现是通过"信息甄别"的方法来达到的。由于信息不对称，一个处于信息劣势的人有可能设计一个有效的机制，使处于信息优势的人说真话，显示真实的偏好，从而根据选择的结果将潜藏着的信息识别出来。这样只要某种交易能够给人们带来利益的话，人们总可以找到那种提高自己现状的方式，来实现帕累托效率。帕累托最优是人们可能达到的技术上的边界，只要次优水平与帕累托最优水平之间有空间的话，总可以在这个空间中设计出某个更好的机制，以提高目前的收益水平。

在方苞所讲的黑狱故事当中，差役之所以要对都交了钱的犯人进行不同的对待，就是为了创造一种比混同均衡更有生命力和竞争性的分离均衡，最大限度地谋求自身的黑色收入。

这样的例子在我们的现实生活中俯拾即是。最常见的就是不同的商品有不同的交易方式，有些商品交易是讨价还价的，有些商品是明码标价的。为什么会这样呢？原因就在于每个交易者都会考虑到双方的逆向选择问题。它不仅是信息传递问题，还包含着人们用比较好的机制来区分不同类型的交易者。比如，世界上最大、最著名的钻石公司每年会邀请世界上300名富翁去参观选购它的钻石，规定不许讨价还价。

商家想出办法来区分消费者的类型，可以有效地提高经营的效率。比如说，那些买票乘飞机的人可能有不同的支付能力，因为他们中有的人收入水平较高，或者愿意花较多的钱购买飞机票。但是，他们每一个人都不会说出自己很有钱从而花高价买票，每一个人都宁愿飞机票价位低一点。于是，航运公司就设计出头等舱、二等舱、三等舱等，不同的等级舱位有不同的价码。这样，那些支付能力高的顾客就会花较多的钱去买头等舱的票，支付能力次之的顾客就花较少的钱买二等舱的票，支付能力还要低的人就买三等舱的票。当然，头等舱比二等舱要舒服一些，而二等舱也比三等舱安逸多了。

航运公司将经营成本和票价设计成如此这般，使得支付能力较高的顾客与支付能力较低的顾客最终选择不同的舱位等级，并根据支付能力的不同而支付不同的价格。

高支付能力的顾客多花钱选择高等级的舱位，这样就将顾客中不同支付能力的顾客的类型甄别出来了。尽管他们都不会说自己是高支付能力的人，但他们的选择就等于向公司报出了自己的真实类型：他们是高支付能力的。而公司也正好宰他一把——高等级舱位付高价钱。这样，使得公司从较高支付能力顾客那里多收的钱大于为他们提供较高水平的服务所增加的成本，结果是多赚了钱！

这种分离均衡在我们身边的生活中是如此司空见惯，以至于大家没有特别地感觉到它的存在。譬如，电影院、歌剧院中不同位置座位的票价不同，酒店要分不同的“星级”，电信运营商也将手机卡区别为“全球通”、“神州行”或者“如意通”等不同的种类，冰激凌也要做成不同味道、不同大小、不同形状……所有的这些做法，实际上都是为了甄别出不同类型的顾客，然后确定不同的价格，提高自己的综合赢利能力。

11. 印刻效应：要做就做市场第一

几乎所有的心理学家和社会心理学家都知道，人类对最初接收的信息和最初接触的人都留有深刻的印象。

1910 年，德国行为学家海因罗特在实验中发现一个十分有趣的现象：刚刚破壳而出的小鹅，会本能地跟随在它第一眼见到的自己的母亲后面。但是，如果它第一眼见到的不是自己的母亲，而是其他活动物体，如一只狗、一只猫或者一只玩具鹅，它也会自动地跟随其后。尤为重要的是，一旦这只小鹅形成了某个物体的跟随反应后，它就不可能再形成对其他物体的跟随反应了。

这种跟随反应的形成是不可逆的，也就是说小鹅承认第一，却无视第二。这种后来被另一位德国行为学家洛伦兹称之为“印刻效应”的现象，不仅存在于低等动物之中，而且同样存在于人类。人们对于第一的印象是如此深刻，而对于第二、第三则没有深刻印象，就是人们常说的“先入为主”。

几乎所有的心理学家和社会心理学家都知道，人类对最初接收的信息和最初接触的人都留有深刻的印象，对任何堪称“第一”的事物都具有无比的兴趣和极强的记忆力。从竞技场上冠军的风光到吉尼斯世界纪录的权威；从第一位在月球留下脚印的阿姆斯特朗到中国第一颗原子弹的爆炸；从母亲教我们认识的第一个字到我们的第一位启蒙老师，我们能够举出的第一还有许许多多。但是让我们认真地想一想，谁是第二呢？你能够再举出十几个某一方面的第一，却不太容易举出一个第二。

人们对于第一的印象是如此深刻，而对于第二还有其他则就逐渐没有深刻印象。看来，人类也确实与那只小鹅一样，承认第一，但无视第二。

商家就会利用消费者的印刻效应进行市场谋划。所以，对于开拓市场来说，坚持只有第一，没有第二。第一和第二的区别不仅是简单的一，第二其实你就是失败者，竞争力永远不如第一。看看下面的例子就可以得知商家是怎样利用消费者的印刻效应的。

市场的占有率越高，那么你的赚头就越大，在人们心目中的地位也就越高，以后的发展也就越容易。因此大家都在争夺第一的宝座。

美国通用电气公司前任 CEO 杰克・韦尔奇就深谙“印刻效应”之道，并应用于企业经营之中。韦尔奇在上任的第一次年会上，就提出了“要做第一，只要不是第一、第二的部门就关门!”他还告诉员工：你愿意在第一流的公司工作，还是在不入流的公司鬼混？他宁可把这些失去竞争力的部门卖给对手，也不愿意留在通用公司苟延残喘。对于韦尔奇来说，通用电气要是不能做第一或者第二，还不如让员工选择到其他第一、第二的公司工作。由于韦尔奇坚定的领导信念，通用电气在 20 世纪最后 20 年里，在经济不景气而使其他企业纷纷倒闭的严峻形势下，将通用电气公司做成了美国最成功的企业。

有人计算过，在市场上最先进入消费者心里的商品品牌，比第二位的品牌同期市场占有率要多一倍以上，而第二位的占有率又比第三位多一倍以上，显然“第一”所建立的地位具有巨大的优势。宁做鸡头，不做凤尾。与其活在别人阴影下，不如去另辟天地。

大家都知道最早看出未来市场的人较容易占领大的市场，当市场上人多了之后就不好办了，一个整体被多人来分，那么分到的利润也就不多了。

做一件事情就要做到最好，一个品牌打出来之后，一定要想办法在市场上拓宽，改进自己的特点，争取达到第一。只有第一才有生杀的权利，只有第一才能更好地控制市场的导向。

“脑白金”总裁史玉柱曾多次在营销会议上强调的“史玉柱营销法则”的第一法则就是“做一个产品必须要做第一品牌，否则很难长久，很难做得好，不做第一就不能真正获得成功”。为了当第一，“脑白金”

在广告宣传上投入巨额的广告费。

所以每到过年过节，脑白金的“收礼只收脑白金”就会看得电视观众反胃。因为播出太多，又总是简单重复，令人很反感，曾被公认为最缺乏创意的恶俗广告之首，但它却是推动销售最好的广告表现，留给人的印象特别深刻，很多人因此记住了脑白金。虽然每闻广告必皱眉头，但当自己购买保健礼品时，消费者不自觉地就会想起“今年过节不收礼，收礼只收脑白金”。脑白金以礼品定位稳居保健品头把交椅，在春节、中秋等送礼旺季尤为火暴，成为“第一个让小鹅看到的保健品”。

曾经看到一个大骂脑白金如何骗人的人，可在选择送礼的佳品时，还是很自然地将手伸向了那个蓝色的包装盒。当问他为什么时，他竟然懵懂地回答说：“我也不知道啊，这个比较熟悉一些吧？其他的也吃不准。反正是送给别人，又不是我自己吃。”

脑白金正是靠着印刻效应获得了胜利。即便是在目前已拥有更高明销售手段的国外商人看来，这样的方法实在是太过于老套和庸俗，但商家所看重的依然是最后的利润率。第一个吃螃蟹的人是勇敢的，同时第一个吃螃蟹的人也是最有名的，人们只会记住第一个吃螃蟹的人，对第二个、第三个默然视之。做市场也同样如此，先入易为主，后来难居上。

12. 心理账户：感性和理性的博弈

生活在现实社会中的人，每个人在消费中总是凭借自己的心理判断来进行决策。每个人都希望自己花最少的钱买到最好的物品。但是每个人在现实生活中总是受到各种情感因素的影响，决策选择并不总是英明的。

2002 年诺贝尔奖获得者、心理学家卡尼曼的研究成果——前景理论，正是独辟蹊径地从心理学角度研究经济现象。卡尼曼发现，人们在做决策时，往往并不是去严格计算所获得的真正收益，而是用比较容易与快速的评价方法去判断优劣。

有这样的一个经典故事：在一个城市某一家著名的咖啡馆，每到晚上，总是客人满座，生意兴隆。他们的经营诀窍就是价格比较销售法：让顾客自己去选择。有两杯哈根达斯冰激凌，冰激凌 A 一杯是 7 盎司，装在 5 盎司的杯子中，一眼看上去似乎满满一杯、快要溢出来；冰激凌 B 一杯是 8 盎司，但是装在了 10 盎司的杯子中，看上去似乎还没装满。条件是顾客在不知道两杯冰激凌实际分量的情况下，看谁愿意为哪一份冰激凌付更多的钱呢？消息传出后，很多年轻顾客蜂拥而来，大家都觉得新奇，想率先尝试。

显然 8 盎司的冰激凌比 7 盎司的要实惠。可是根据酒吧的实证结果表明，在消费者自己分别独立判断的消费前提条件下，也就是酒吧不把这两杯冰激凌放在一起让消费者进行比较，绝大部分顾客反而愿意为实际分量少的冰激凌支付更多的钱。

最后酒吧的统计结果让人大跌眼镜：大多数顾客居然愿意用2.26美元买7盎司的冰激凌，却不愿意用1.66美元买8盎司的冰激凌！显然，人们并不是根据实际获得的冰激凌分量来选择的，而是根据心理喜好来决定为不同的冰激凌支付多少钱的。这种销售方式给酒吧带来了巨大的利润，同时，也扩大了其知名度。

这就是所谓的“心理账户”概念，是美国芝加哥大学经济学家塞勒教授提出的。比如同样是100元，在一个人的心里靠工资挣来的100元与靠摸彩票中奖得来的100元是绝对不一样的。靠自己辛勤工作赚来的钱一般是舍不得轻易花掉，但如果是一笔意外之财就会“来得容易，去得快”，很快就被花掉。像很多的彩票中奖者就是这样。美国的一项调查数据表明：靠中大奖生活的人的钱一般几年就会花得精光，有些人还会为此负债。这就是说相同数额的钱在同一个消费者的心理上却是不同的，这就需要给来自不同途径的钱分别建立不同的“心理账户”。

第二章 求职中的心理学陷阱

如今的骗子都学会用心理学来武装自己，所以想识破骗子的骗局就不那么容易了。对于刚出校门或社会阅历不深的求职者来说，往往会被人才市场上的各种诱惑蒙住双眼。随着就业形势的改变，各色各样的求职“陷阱”，也对求职者们敞开了怀抱，“陷阱”制造者们正笑看着求职者们往“陷阱”里跳。为了免遭欺骗，求职者们应提高警惕，警惕各种施行心理骗术的招聘。

1. 薪酬里面藏猫腻

薪酬是求职者在求职过程中较为关心的问题之一。有些不怀好意的公司抓住了求职者的这一心理，在薪酬上大做文章，使得应聘者上当受骗。

通常情况下，薪酬主要包括三部分：基本工资、奖金、福利。公司在招聘时，应将这三项内容注明。那些骗子公司的招聘广告中往往采用模糊语言标注薪酬问题，这一点应当引起求职者的注意。

随着销售旺季的到来，许多企业都开始对外招聘业务员、推销员。他们往往会在招聘广告中列举一系列高薪职位来诱惑求职者，而求职者只有在工作了一个月后才会发现，自己领到的实际工资并不像招聘广告中所标明的那样。当然，实际工资只有减少，没有增多。

招聘广告中的骗术很多，让人防不胜防。刚刚毕业的小徐，在校期间学的是市场营销专业，他希望找到一份与营销有关的工作。于是，他把眼光盯在了做业务上。由于具有本科学历，学的又是营销专业，小徐很快找到了一家销售公司。面试当天，小徐问及该公司的待遇问题，接待他的人说："本公司为员工提供了优厚的福利待遇，每月可拿到1500元以上，只要能好好工作，拿2000元、3000元都是有可能的。"听完接待者的话，小徐顿感心潮澎湃，已经摩拳擦掌准备大干一番了。

两天后，小徐接到了录用通知，他开心地过上了上班族生活。上班第一天，部门经理找到了小徐，对他说："由于你是本科生，学的又是营销专业，我对你的能力十分信任，因此对你特殊照顾，你可以直接成为正式员工了。”小徐高兴地说：“我保证不辜负经理的厚爱，一定好好工作。”经理点点头，说：“不过，我们这里的正式员工都有任务，你能承担压力吗?”小徐坚定地点点头，在经理那领到了3万元的工作任务。

转眼一个月过去了，由于小徐是一位新人，客户少，而且对市场行情不清楚，所以没有按时完成经理交代下来的任务。但经理并没有责怪他的意思，并鼓励他继续努力。发工资的日期终于到了，小徐满心欢喜地去领取工资，不料只领到400元。小徐十分气愤地找到了经理，他希望能问个明白，结果经理却说：“公司规定，每位员工的基本工资是400元，只有完成任务才能拿到招聘广告上注明的薪酬。”小徐一气之下，离开了这家公司。

虽然说底薪加提成是鼓励员工努力工作的一种激励方式，但是许多用人单位以此为借口，将一些工作量超常的任务交给员工，从而限制其拿到更多的提成，由此看来，底薪加提成的工资支付方式，不是用来激励员工工作，而是用来欺骗求职者的工具。

目前，业务员存在较大的用工“缺口”，一些用人单位为了满足用工需求，不惜以“高薪”吸引求职者，然后再与求职者在薪酬方面玩些猫腻，总之，他们会想尽办法来克扣员工工资，使员工有苦难言。

劳动部门提醒求职者，不要被高薪迷惑，应仔细询问用人单位的薪酬制度，并写入劳动合同之中，以免产生纠纷时于己不利。

为了不上当受骗，求职者在应聘过程中，应该向用人单位明确了解薪酬问题，不要相信那些口头承诺，以免领工资时出现“缩水”现象，到时自己可能会“哑巴吃黄连，有苦说不出”。

2. 低门槛高职位

随着人才竞争的日趋激烈，许多求职者感叹：许多工作没人做，许多人没有工作做。在这种情况下，求职者往往处于被动地位，为了找到一份适合自己的工作，便放低了警惕心理，最终落得个人财两空的下场。

对于那些打着无须经验、学历要求的招聘广告，求职者应倍加小心，提高警惕，特别是在无经验、学历要求的情况下，对于招聘高层管理职位的广告，求职者更不能掉以轻心。毕竟天下没有免费的午餐，低门槛、高职位的背后，往往隐藏着欺骗与阴谋。求职者不但不能获得应聘职位，还可能“赔了夫人又折兵”。要知道，一般正规公司都不会招聘一个既无经验又无学历的人来担任高级管理职务，因为，若是这样就无异于在拿公司的发展开玩笑，如果公司内部真需要一名高层管理人员，为什么不在公司内部挑选，而要聘请一名不懂公司运营方式的外行人来担此大任呢?

冯丽莉的求职经历足以引起求职者们的警惕。中学毕业的冯丽莉，千里迢迢来到广州，希望能在大都市里找到一份体面的工作，奋斗几年后“衣锦还乡”。一天，她无意中发现了一则招聘广告，广告内容大致是这样的：本酒店由于经营有方，效益蒸蒸日上，现急聘男女公关经理各一名，无须工作经验与学历证明，基本工资 500 元，外加提成、小费，月薪可达到万元以上。具体要求：女身高 165 厘米以上，男 180 厘米以上，相貌好，人品端正。冯丽莉衡量了一下自己，各方面都符合条件，于是，她便报名参加了面试。她顺利地通过了面试，上班的第一天，酒店经理便向冯丽莉提出了不合理的要求。冯丽莉一怒之下，离开了该酒店，原来这是一则色情行业的招聘广告。

求职者在遇到高薪广告时，不要轻易相信，遇到高职位时，更应当提高警惕，特别是对于经验、学历不做任何要求的职位。否则，一旦被迷惑，便成全了那些居心叵测的人，自己也可能会面临着极大的危险。

通常情况下，每个人都希望找到一个职位高、待遇优厚的工作。不过，求职者应该明白一个道理：积土成山，非一日之功，高职位是在勤奋努力的基础上才能获得的。任何一家正规公司，都不会让一名新人，特别是刚从校门出来的毕业生担任重要职位。那些居心不良的人往往会利用求职者想攀高位的心理，先以高职位诱惑他们，当求职者到公司上班后，他们便会以种种借口，让求职者从基层做起，实际的工资、待遇，甚至工作内容都会与当初签订的合同有很大差异。还有一些公司，索性不跟求职者签订劳动合同，虽然求职者应聘的是某一高职位，但公司并不给求职者提供任何可支配的人、财、物。更滑稽的是，求职者到岗后，竟然没有办公场所，这种情况说出来的确令人难以置信，不过这种情况确实存在。不但如此，公司还会想方设法向求职者收取一部分费用，其借口是多种多样的。这样的求职，使人感到辛酸，求职者仅仅做了一次有名无实的管理者，付出的代价却是辛苦积攒下来的血汗钱。

实际生活中还存在这样一种现象：一些骗子公司，假借春节将至这一大好时机，声称要招聘高层管理人员，职位要求却低得让人咋舌，但条件是必须接受公司的内部培训。当求职者前来面试时，公司负责人又会以各种借口让求职者回家等消息，当然，求职者不可能轻松离开，要交一部分押金或者培训费等，除非不想获得这一职位。如果求职者轻易相信这些人的“鬼话”，心甘情愿为这些高职位埋单，那么结果是自讨苦吃。

虽然说求职过程中的“陷阱”很多，但求职者不必因此而惧怕求职，只要提高警惕，时刻留神，当遇到那些先交钱再安排工作时，最好不要轻易相信那些骗子的话，任凭他们说得天花乱坠，也要有自己的主见，当心花言巧语后的“陷阱”。

这里提醒求职者们，面对那些无须经验、学历要求的招聘广告，千万不能轻信，如果想找到一份适合自己的工作，首先要对应聘公司做全方位的调查，掌握公司大致情况后，再做决定也不迟。

3. 攀比心理：陷入高不成低不就的困境

有些毕业生在择业中习惯与已签合同的同学以及师兄师姐们做比较，于是挑肥拣瘦，犹豫不决。同时，在攀比心理的驱使下，许多求职者都持有“等一下”、“再看一看”，或者“可能有更好的岗位”、“更高的工资”的心态。

刚刚大学毕业的蒋雯与一家用人单位签约，月工资2500元。是班里所有签约同学中工资待遇最高的，大家非常羡慕。同宿舍正在找工作的韩丽知道后很不服气，韩丽认为，在校期间自己成绩比蒋雯好，获得的奖学金和荣誉比蒋雯多，在学生会担任学生干部“官职”比蒋雯大，积累的社会经验比蒋雯丰富，理所当然地应该找个比蒋雯工资高的工作，不然在同学面前岂不是没有面子？于是韩丽果断地提高了自己的“身价”，面试时大谈特谈自己如何优秀，如何出类拔萃，希望用人单位因此对自己刮目相看，以高薪来“抢走”她这个人才。韩丽甚至提出，月工资少于2500元就免谈。这样在两个月里，韩丽先后和十几家单位进行接触，尽管有好几家单位非常适合她，各方面的待遇也不错，但由于仍无法满足韩丽的要求而最终没能签约。眼看毕业已半年时间了，韩丽的工作还没有着落。看着周围的同学都陆续签约找到了满意的工作，韩丽的心里越发不平衡，但也无可奈何。最后，韩丽跑到外地的人才招聘会上和一家用人单位签了就业协议，月工资还不足2000元。

求职过程中，如果盲目攀比或者盲目从众，容易使自己改变原有的目标而采取不切实际的行动，不以自身的特长、能力以及社会的需要出发，盲目攀比和等待，虽然能求得一时的心理平衡，但是往往自身价值得不到应有的发挥和发展。

盲目攀比或者盲目从众的结果只有一个，那就是迷失自我。实际上每个人的性格是不相同的，因而每个人应该根据自身性格，来确定自己的择业目标。

所谓性格是指一个人在生活过程中形成的、比较稳定的对客观现实的态度及与之相应的行为方式，是心理特征的表现形式。

性格不是先天形成的，而是在个人先天的体质、智商等素质基础上，在家庭教育、社会教育、社会环境的影响下和个人自我修养中逐渐形成的。性格一经形成，不大容易改变。有句俗语说“江山易改，禀性难移”，即指性格不易改变。

性格不仅影响人们的生活态度和行为方式，而且影响人们对职业的选择。一个人是乐观进取还是悲观失望，是热情谦虚还是冷漠傲慢，会直接地影响其日常生活。

人的性格是有差异的，但性格特征还是有共性的。所谓性格特征就是个人对客观对象（包括人、物、事）的反应。这种反应主要表现在四个方面：态度、意志、情绪和理智。因此，所谓人的性格不同，往往是指在这四个方面的程度差别。如两个人对教师职业都热爱并且充满激情，都有坚强的意志，都能正确处理教育别人的孩子和教育自己孩子的关系。那么，就可以说两个人在教育事业中的性格特征是一致的，只是在程度上有所差别。

由于职业的性质、特点不同，对就业者的性格要求也不同。从职业角度要求的性格，就是职业性格。不同职业有不同的职业性格类型，现在关于这种类型的划分很不统一。一般划分为情绪型、独立型、服从型、意志型、理智型、严谨型等。每一类型性格又可细分为不同的具体类型，如情绪型，有人热情、有人冷漠等。

性格从两方面影响着职业选择：一是人际关系；二是职业性质和特点。不同人的性格在人际关系中具有不同的相处方式、方法和效果。这样，在选择职业时，就要考虑自己的性格是否适于人际关系较复杂、人群较大的职业。同时，不同性格还要考虑职业性质和特点需要哪种性格类型的人从业。

因此，在选择职业时不仅要准确地考虑自己的职业兴趣和从业能力，而且要准确地知道自己的性格特征；更要考虑职业对人的性格的要求。如自己很喜欢从事秘书工作，但自己的性格活泼、情绪容易激动，那就不符合秘书职业的性格要求，应选择公关、采购之类的职业。

性格与职业是彼此制约、相互促进的。了解自己的性格特点，就可以正确认识自己，扬长避短，走出“盲目攀比和盲目从众”的求职误区。

4. 巧打“试用期”的幌子

如今，工作越来越难找，对于求职者来说，能够被自己满意的公司正式录用，是一件很幸运的事情。在这种情况下，求职者对得来的工作倍加珍惜，而那些居心叵测的招聘者，正是抓住了求职者的这种心理，打着试用的幌子，在试用期内，廉价使用劳动力，试用期满后，便以种种理由将劳动者辞退，然后继续“钓”另一批急于找工作的人“上钩”。

“试用期”原本是企业检验求职者能力的一段时期，不料却被一些别有用心的老板当做获取廉价劳动力的手段，求职者辛勤苦干的目的，是为了真正获得应聘职位，可是试用期满后，却被用人单位“一脚踢开”。

小玲与几个好朋友一同到杭州某家贸易公司去面试，她们觉得这家公司很不错，即使先来这里实习几天也可以增长一些经验。她们把自己的想法告诉了该公司老总，结果出乎她们的意料，总经理慷慨地对她们说：“由于公司处于扩建阶段，正好需要人，你们几个就都留下来吧！如果工作表现良好有奖励。”

小玲和几位好朋友兴高采烈地回家了。她们想，不管结果如何，公司毕竟给了她们机会，只要努力工作，就会有所收获。

上班当天，小玲等人和公司签了一份合同，合同大体上包括以下几项内容：实习期间，按照工作表现给工资；试用期间，月薪800元；转正后，月薪1500元。

经理诚恳地对她们说："我们公司刚刚组建不久，正处于起步阶段，需要你们这些有能力的人才，虽然试用期的工资不是很高，但等公司步入正轨后，你们的待遇也会随之提高，等将来公司的规模壮大了，你们就是咱们公司的元老了，到时候，肯定亏待不了你们。"小玲等人听完经理的话，顿时心潮澎湃，便下定决心努力工作，尽自己最大的力量为公司创造利润。

小玲等人很快分配到了工作，令她们感到奇怪的是，公司上下除了她们新来的8个人外，其余只有3个人。小玲非常不解，堂堂一个大公司怎么可能就3个人，总经理似乎看出了她们的疑问，便说："是这样的，我们公司只是一个分部，总公司在广州，一个月前，我们才来到这里，准备发展分公司。所以，暂时员工人数较少。"小玲等人虽然有些疑惑，但也没说什么，她们觉得毕竟找到一份工作很不容易。

由于员工少，分工自然不是很细，小玲虽然应聘的是总经理助理，但是其他琐碎的活儿也都由她来完成。虽然合同规定每天工作时间只有8个小时，但是她们每天实际工作的时间为十几个小时。1个月下来，她整个人都瘦了一圈。小玲等人相互鼓励着说："大家努力吧，发了工资大家一起庆祝一番。"

发工资的日子终于到了，可经理却对工资的事只字不提。小玲代表大家去提醒总经理关于发工资的事，可经理却说："最近公司太忙了，大家再等一等，3个月以后，一起补发给你们，大家的表现都非常好，等试用期满后，我会给大家发些奖金。"小玲将总经理的话传达给其他人后，大家也表示赞同。

3个月即将过去，总经理又在人才市场上招聘了几个大学生。公司终于稳定下来了，小玲等人又向总经理催要工资，令她们吃惊的是，3个月的时间竟然只发了500元。大家非常生气，便找到总经理讨要说法。经理却说："你们8个人都是以实习的名义来公司上班的，而实习期是没有工资的。我看你们平时工作那么辛苦，才给你们每人发了500元作为补贴。你们还没有与公司签订正式的录用合同，所以，不能按照正式合同的有关规定给你们发工资。3个月已过，现在可以签订正式的劳动合同。"小玲等人有口难辩，因为当初签订合同时，她们就忽略了这个问题，她们没有确定试用期的期限，她们以为，来公司上班就相当于被正式录用了，所以，一直以为自己已经在试用期了，结果落得个“哑巴吃黄连，有苦说不出”。

其实，这种情况并不是偶然的，很多求职者都遇到过类似的情况，对此已不觉得新鲜了，甚至认为这种“试用期陷阱”是求职过程中的必然经历，所以，对于一些不合理的事情总是听之任之，结果吃亏受骗的只是自己。

在求职竞争激烈的情况下，许多求职者为了找到一份适合自己的工作，已累得精疲力竭，许多人都盼望着某家公司能给自己提供一个实习或者是试用的机会。此时，一旦某家公司给他们提供一个试用机会，他们便会倍加珍惜，欣喜之余，却忽略了应该注意的事项，忽略了合同后面隐藏的陷阱。

有些企业擅用延长试用期的手段，来欺骗求职者。招聘前，会口头承诺求职者试用期为 3 个月，但当求职者干满 3 个月后，企业却不予理睬，即使双方签订了劳动合同，企业也会以种种理由拒绝按照合同的规定履行义务，总是想尽一切办法来无故延长求职者的试用期限，由 3 个月延长到 6 个月，更有甚者会将试用期延长至 1 年。有些黑企干脆采取“卸磨杀驴”的方式，以某种形式来牵制劳动者，使劳动者左右为难，从而可以无偿雇佣廉价劳动力，当求职者试用期满以后，便一脚踢开，重新招聘一批新人。

有些求职者认为，实际求职过程中，有时几十甚至上百个人争一个职位。在这种情况下，一旦有企业给自己试用机会，哪怕是“试用期陷阱”也愿意去，只要能学到东西，就没白干。还有人认为，面试过程中，不应该向考官询问工资待遇问题，否则会给考官留下不好的印象，很可能失去就业机会。这些人尽管自己心里明白，薪金待遇里可能藏有陷阱，自己也完全可以拒绝接受试用的机会，但他们认为，一旦拒绝，就意味着失去了一次锻炼自己的机会。

由此看来，许多求职者明明知道企业可能为他们设置“试用期陷阱”，但在求职竞争日益激烈的情况下，他们心甘情愿地成为了部分企业牟取暴利的牺牲品。

人才有良莠之分，企业同样存在着正规与不正规的区别。每个公司老板都希望雇佣廉价劳动力，所以，他们就把眼光瞄准了心理防线薄弱的求职者。

某公司总经理说：“企业在成立之初，各方面条件都不健全，会因资金少、实力不足等原因，没有能力吸引一批良才。”这些公司在人手极缺的情况下，只能到人才市场招聘一些急切找工作的人。试用期满后，再以各种理由解雇他们，这样一来，就实现了老板们的愿望——少花钱多办事。其实，这些员工的劳动强度并不比正式员工低，但他们实际拿到的工资却少得可怜，这便是求职者的悲哀。

据了解，当前尚未有具体的、操作性较强的相关法律对这一现象加以明确规范，虽然目前的劳动法规中，有一些关于劳动者试用期的相关规定，但对用人单位的过错行为的惩罚力度不够。而且，有关部门对此的监督力度不够，这样使许多企业趁机钻了法律的空子，使本来就处于弱势群体的劳动者的权益保护力度显得更加微弱。在很多情况下，劳动者的权益受到损害时，得不到有效的维护，这里有多种原因，值得人们去思考。

为了避免落入企业设下的“试用期陷阱”，求职者应该多留神。首先，在面试前，应对应聘企业进行全方位的了解，需要掌握的内容包括：企业成立的时间、规模、用人制度等；其次，要区分自己是在实习期还是试用期，这二者之间存在着很大的区别；最后，对于用人单位那些口头协议和承诺，求职者应多加注意，那些东西只有落实在具体的劳动合同中，才具有法律依据与效力。

除此之外，有些求职者刚开始工作后，只知道埋头苦干，不懂得向其他老员工“取经”，询问一些相关问题，这样的求职者很容易上当受骗。

5. 破窗效应：因小失大的合同陷阱

心理学上的破窗效应告诉人们不要因为一时的疏忽而陷入一系列的麻烦之中，一时的疏忽会造成很大的损失。

在心理学的研究上有一个现象叫做“破窗效应”，就是说，一个房子如果窗户破了，没有人去修补，隔不久，其他的窗户也会莫名其妙地被人打破；一面墙，如果出现一些涂鸦没有及时清洗掉，很快地，墙上就布满了乱七八糟、不堪入目的东西。一个很干净的地方，人会不好意思丢垃圾，但是一旦地上有垃圾出现之后，人就会毫不犹豫地抛，丝毫不觉羞愧。这真是很奇怪的现象。

心理学家研究的就是这个“引爆点”，地上究竟要有多脏，人们才会觉得反正这么脏，再脏一点无所谓，情况究竟要坏到什么程度，人们才会自暴自弃，让它烂到底。

任何坏事，如果在开始时没有阻拦掉，形成风气，改也改不掉，就好像河堤，一个小缺口没有及时修补，可以崩坝，造成千百万倍的损失。

劳动合同约束着用人单位与劳动者双方。双方的权利与义务应该在劳动合同中有明确的体现。在签订劳动合同时，求职者必须仔细查看合同中的每项内容，千万不能马虎。说不定一个不小心，会给自己带来很大的损失。

虽然劳动合同能维护求职者的合法权益，但是有些求职者在与用人单位签订了劳动合同的情况下，依然会吃亏上当。原因在于他们没有看清合同中的各项内容，让一些居心不良的老板钻了空子。在这里提醒求职者，在签订合同时，一定要多加小心。

留美回国的林琳，希望在国内找到一份适合自己的工作。因此，她参加了许多大型招聘会，由于她个人条件具有相当大的优势，许多用人单位都通知她前往面试。林琳参加了几家公司的面试，结果都不适合自己。一天，她接到一家外资企业打来的电话，对方用一口流利的英语以及开出的条件，让林琳动心了。于是，决定到该家公司与老总面谈。

面试当天，接待她的是该公司的总经理，对方是一位 50 多岁的老先生，以流利的英语告诉她，他们公司要在深圳成立一家分公司，准备聘请一位销售经理，开发深圳市场，他们刚刚接到一大笔业务，但是人员不够，急需有才能的人。总经理还承诺，可以给林琳提供广阔的发展空间，而且薪金待遇都不是问题，可达到林琳的满意。林琳被总经理的话打动了，决定来该公司上班。

上班第一天，林琳感觉非常奇怪，公司规模并不像总经理介绍的那样，加上总经理和她才 4 个人，林琳有些上当的感觉，但她并没有确定这就是一场骗局。

几天后，林琳逐渐喜欢上了这个公司的工作方式，总经理兑现了他的承诺——给她提供广阔的发展空间。更重要的是，老板开出的薪金令她非常满意。林琳与总经理签订了两份合同，其中一份合同中，注明林琳的月薪是 3 万元人民币；另外一份合同中，注明林琳的月薪是 2000 美元加 14400 元人民币，合计 3 万元人民币。虽然两份合同的支付方式不同，但是其大体内容是相同的。林琳拿到总经理的签名合同后，发现合同中少了公司的公章，林琳心想，既然老板已经签名了，不盖公司公章也不会有大碍，反正公司也跑不了。

没过多久，林琳便投入到工作当中了，且获得了几个大客户，公司在她的管理下，日渐壮大，一种成就感悄悄地爬上了林琳的心头。

但令她意想不到的事情发生了，总经理渐渐地缩小了她的权力范围，而且无故拖欠员工工资，这使林琳感到非常不满意，她向总经理讨要说法，不料，总经理却冷漠地对她说："如果你对公司的管理制度不满意，完全可以提出辞职请求。"林琳听后顿感失望，这时她打开劳动合同一看，合同中对于她的权限范围没有给出明确具体的规定，所以在形式上她的权益无法体现，而在实际工作中，老板无故限权，对她工作的过多干涉，使她有苦难言。因此，她想到了辞职，可是，距离合同期满还有一个月，如果现在离开，年底分红、奖金等各种福利就没有了，她只好委屈地忍耐了。半个月后，老板让林琳想办法获取竞争公司的商业秘密，林琳对这种过分的要求忍无可忍，不得已辞掉了工作。于是，按照当时双方签订的合同，林琳不但拿不到各项奖金，还必须缴纳3万元人民币的违约金。

其实，这明显是总经理设下的一个圈套，他并不希望林琳在公司干满一年，更不希望她拿到公司的分红、奖金以及其他福利，他之所以对林琳提出过分要求，目的在于逼迫林琳辞职。就此看来，求职者在与公司签订合同时，不要只注重工资多少，其他条件都应考虑周全，以免遇到麻烦时，找不到说理的地方。

签订劳动合同是对劳动者个人权益的一种保障，具有双向选择性，虽然细节问题可以由雇佣双方共同协商，但是大的原则问题不能违背法律规定。这就让一些黑心老板钻了空子，他们在与求职者签订劳动合同时，在细小的方面做文章，千方百计地敲诈劳动者的脑力与体力劳动，这是一种非常普遍的现象，也提醒求职者在与老板签订劳动合同时，必须认真仔细地看清楚各项细小的问题，以免吃亏上当。

那么，合同中的陷阱都有哪些表现形式呢？以下几点可供参考：

(1) 口头合同

口头合同，也可称之为口头承诺，是指并不将双方应该履行的职责与义务写入合同内，形成书面正式文本。而且，口头合同一般不在法律保护范围之内。这是求职者需要注意的，尤其是社会阅历少，急于找工作的应届毕业生，更应该对这类口头合同提高警惕。有的人通过人际关系找工作，双方往往只在口头上做出约定，并未将具体内容写入合同中。结果，实际情况往往与当初口头约定的不符。

俗话说得好：“口说无凭，立字为证。”求职者与用人单位建立劳动关系时，也应遵循这句俗语，要及时地把双方应该履行的职责与义务详细地列入合同中，不要轻信老板的口头承诺，要知道，白纸黑字是任何人都无法抵赖的事实，这样劳动者的合法权益才能受到保护，劳动者才不会吃“哑巴亏”。

（2）单务合同

单务合同，是指一方当事人只享有权利而不履行义务，另一方当事人只履行义务而不享有权利的合同。公司在制订合同时，通常情况下，老板处于只享有权利而不履行义务的位置上，而劳动者则处于只履行义务而不享有权利的位置，这明显有失公平。这种合同表面上看起来非常正规，双方责任与义务都非常分明，而实际上却绵里藏针，仔细察看就能发现许多对劳动者不利的因素。如果劳动者不能及时发现合同中的蹊跷，势必会吃亏。

虽然雇佣双方工作性质不同，但双方的地位是平等的，签订劳动合同时，任何一方都不能凌驾于另一方的权利范围之上。从法律意义上来说，这种单务合同违背了平等原则。虽然当前的就业竞争比较激烈，但求职者也不能一味地迁就用人单位，签订一些对自己不利的合同，与其草草地签订一份有损个人利益的合同，还不如多花些心思，找一个比较正规的公司，建立正规的劳动关系。根据我国劳动法规定，劳动者单方提前解除劳动合同，其应当支付的违约金，不得高于其一个月的工资，用人单位规定的违约金数额超过这个标准的部分是无效的。

（3）表里不一

所谓表里不一，是指表面一套，背地里又是另一套。许多不正规的公司与劳动者签订劳动合同时，都准备两份合同。一份是中规中矩的合同，无论从责任上讲，还是从义务上而言，都完全符合法律规定，其主要作用是应对劳动部门的检查，而与劳动者正式签订的那份合同，才是在公司内部生效的合同，其中对于用人单位应当承担的责任与义务都没有明确具体的规定，但对于劳动者的权利而言，却有许多限制性条款，而且隐藏着许多见不得人的解释，这就是所谓的表里不一。这种合同对劳动者没有任何保护可言，所以，签订合同时应当小心谨慎。

求职者在与用人单位签订劳动合同前，应该到有关部门了解清楚签订合同的基本规范和要求，然后仔细研究合同的内容、条款，再与用人单位签订合同，以免被这种表里不一的合同欺骗，落得有苦难言的后果。

在合同中造假的形式多种多样，以上只是几种最常见的情况，求职者在签订劳动合同时，还要因情况而定。只要本着时刻提高警惕，谨防假合同的原则，便能避免不必要的损失。

6. 自卑心理：找不到决胜职场的“杀手锏”

在竞争激烈的求职场上，有些人过分顾虑自己某方面的缺陷和不足，害怕用人单位看不上；还有一些人因犯过错误而抬不起头来；部分大学生因自己的专业知识和专业技能及综合素质不如其他同学，或因求职屡次受挫，便产生强烈的自卑感，并进而转化为自卑心理。

自卑心理严重的求职者往往没有信心和勇气面对用人单位，不能适当地向用人单位展示自身的长处。对于招聘单位而言，一个毫无自信的人，不可能漂亮地完成工作任务。如果在应聘过程中，你都以不自信的语气来回答主考官的问题，试想他们会聘用一个做任何工作都没有把握的员工吗？所以说，在求职过程中，如若对自己失去信心，那么就很难受到招聘单位青睐，只能以失败告终。

拥有一份称心如意的工作是每个求职者共同的愿望，然而如何才能找到满意的工作一直令众多求职者困惑。其实，求职者择业的主观因素很重要，它包括树立信心、保持健康的心态。

在激烈的就业竞争中，自信心是成功的前提，一个人如果对自己失去了信心，也就失去了成功的机会。

信心是我们制胜的武器，若失掉了信心，所有的努力都是徒劳的。有很多求职者是一边对自己质疑，一边找工作。这说明他们的潜意识里有太多的不自信，潜意识里的自我不自信会导致一种心理暗示。比如说你想着这份工作要求很高，我肯定不行，结果可能会真的应聘不上。这样一来，你看似是在应聘了、争取了，其实一点效果也没有，反而会适得其反。所以，你一定要相信自己，就算盲目地相信也要相信。要常常对自己说："我能够胜任这份工作！一定!"

大学毕业生求职者，遇到的最大障碍是经验不足。许多刚踏入社会的求职者都有同感，在招聘广告上看到不少专业对口的职位，求职时又被标明的"须有×年工作经验"吓得望而却步，真有点求职无门的感觉。

其实求职者的个人条件与招聘广告中所提的要求完全相符的只是个别现象，招聘的"硬条件"通常只是一种大致的范围约束，公司录用人才时很大程度上还要看其面试的表现。因此，如果你觉得自己具备了职位所要求的能力，尽管某些条件尚未达到，也不妨大胆尝试一下。当然，这只限于应聘普通的职位，若想就职管理层工作则经验必不可少。

前段时间有则报道说，一个学生竟然开出了只要包吃、包住，就可以免费为其工作的条件，我们不得不从中吸取教训。应该说，我们找工作的过程，就是一个不断发现自我的过程，也是一个不断纠正自我判断的过程；我们一定要非常清楚没有找到工作的具体原因，千万不能因为一时找不到工作，不分原因自怨自艾、一蹶不振。

求职者要想走出过分自卑的心理误区，在日常生活中要树立以下观念：

(1) 不要随便否定自己

每个人都有争强好胜之心，而由此演变来的竞争意识是个人自身发展和社会发展的需要。竞争是实力的展示、是人格的考验。因此，求职者要保持良好的竞争心态，不要轻易否定自己，要正确看待择业过程中的一时挫折，主动克服颓丧情绪，积极寻求新的就业机会。

(2) 不要心存"不可能"的想法

人类是很能适应环境的，只要你肯去尝试，没有一件事是"不可能"的。

你是否经常有意无意地使用下列语句："不可能"、"不行"、"不好”、“没办法”、“不要”……或者在你的家人、同事之间，也有人时常采用这种说法？凡是说“做做看”、“说说看”、“我赞成”、“一定能够成功”、“有兴趣”之类的人，常常就是勇往直前、积极行动的人。上述虽只是用语不同而已，但在无形中已经深深地影响了你的潜意识，使你感到自己毫无用处，这世界有太多自己不可能做到的事，这又怎会对你的求职有利呢？

（3）调整心态

如今的社会，找一份工作很难，而要找到好的工作更是难上加难。但有的大学生求职者，盲目坚持非大城市、待遇好、效益实惠的单位不去，到头来只能是“竹篮打水一场空”，不但浪费了时间、精力、财力，更重要的是错过很多适合自己的好机会，挫伤了自己的自信心。所以，大学生求职者应从自己的实际出发，处理好理想与现实的关系，调整好就业心态。等待“一步到位”，不如先就业，再择业，也是一种新的择业观。

（4）扬长避短

在成才的道路上，“失之东隅，收之桑榆”的情况屡见不鲜。我们阅读伟人的传记可以发现，从某种意义上说他们的优秀品格和一生的辉煌成就，是其个人缺陷促成的。像亚历山大和拿破仑因为生来身材矮小，而立志在军事上获得成就，结果成为雄霸欧洲的大帝；苏格拉底和伏尔泰因为相貌丑陋、自惭形秽，而潜心研习思想修养，结果在哲学领域大放异彩；张海迪的成功也是她思想上的坚强弥补了身体上的缺陷。所以说，人的缺陷是可以改变的，关键在于愿不愿意改变。只要下决心，讲究科学的方法，选择适合自己的奋斗目标，扬长避短，自卑的人就会逐渐变成自信的人。

有自卑心理的求职者必须牢记一个真理：勤能补拙。知道自己在某方面有缺陷，就要下工夫去弥补，用自己辛勤的汗水，去堵截自卑心理产生的根源。

7. 提防被传销分子“拉下水”

许多毕业生求职心切，加之非法传销公司开出诱人的薪金待遇，使不少大学生禁不住诱惑，结果上当受骗。要知道，求职道路是坎坷的，那些看似报酬丰厚的工作，很可能是一个天大的陷阱，生活中，绝不会出现“天上掉馅饼”的好事。

当前，传销现象到处蔓延。许多刚毕业的大学生，不会辨别求职中的陷阱，成了传销中的“牺牲品”。这里提醒求职者，一定要时刻保持清醒的头脑，分清直销与传销的差别，以防被传销分子拉下水。

即将毕业的刘菲就是传销的“牺牲品”，因为参加了传销，她几乎产生了轻生的念头。事情是这样的：

刘菲与其他即将毕业的大学生一样，精心设计个人简历，利用课余时间到人才市场察看求职行情。她对未来充满了幻想，但是眼前就业竞争的激烈程度，又使刘菲产生了一丝犹豫，不过，一向乐观的她，坚信凭借个人实力，能找到一份适合自己的工作。

一天，刘菲接到一位好朋友的来电，双方寒暄过后，对方热情地邀请刘菲到兰州某公司去上班，并称该公司员工的素质非常高，待遇非常优厚，不去实在可惜。对方还为刘菲分析了当前就业竞争的激烈程度。刘菲本是一个非常谨慎的人，她知道求职过程中会遇到许多骗子，但她转念一想，对方是和自己一起长大的好朋友，出于那份深厚的友情，也不会骗她。于是，便动身前往兰州了。

刘菲到了兰州以后才发现，原来好朋友说的那家公司，竟然是一个两室一厅的居民楼。公司打着直销的名义，暗地里做违法的传销活动。刘非这时才意识到，自己上当受骗了。可是，已经到了兰州，而且已经被好朋友拉下了水，想马上退出来是不可能的。就这样，刘非过上了艰难的“工作”生涯。起初，公司要求她们将分文不值的化妆品以200元的价格，卖给自己拉来的下线。而她们吃的是干馒头和咸菜，睡的是草席、地铺。一个月过去了，刘非整个人瘦了一圈。为了能逃离这个罪恶的地方，刘非痛下决心逃跑了3次，但每次都被传销头目抓了回去还被毒打了一顿。

许多传销分子打着直销的幌子，进行违法的勾当，求职者一定要分清传销与直销的区别，以免误入陷阱，上当受骗。那么，传销与直销的区别有哪些呢？主要有以下几点：

（1）直销入门不掏钱，传销则相反

通常情况下，正规的直销公司不会向求职者收取任何费用，非法传销公司则不然，入门前首先要缴纳一笔钱，价格没有明确的标准，少则三五百元多则几千元。有些“聪明”的传销公司，以让求职者购买产品为由缴纳钱财。求职者交完钱以后，才能获得发展下线的资格，至于产品问题，则由求职者自行处理。这种传销方式表面上看似直销，实则是非法传销的变身。有些人认为，传销不涉及产品，这只是单纯的想法，不法传销分子为了迷惑求职者，屡次更改传销模式，但万变不离其宗，入门费就是区别传销与直销最好的方法之一。

（2）从产品价值上区分

正规的直销公司，其出售的产品往往物有所值，不会欺骗广大消费者。而非法传销公司则不然，一些几十元甚至几元的产品，标的价却高得惊人，这也是识别传销与直销的方法之一。

（3）以产品流通渠道进行区分

正规的直销公司，其产品有固定的流通渠道，在市场上可以见到该公司生产或代理的产品。无论从质量上而言，还是从售后服务上讲，产品都能令消费者满意。对于直销企业而言，产品质量决定其销量，因为产品的流通渠道是由生产厂家通过营销代表流到顾客手中的，中间没有其他环节，并且少有广告。非法传销则不然，非法传销公司利用求职者的入门费，到市场上买些廉价的商品，然后再将这些商品以高价卖给刚入门的新人，然后，再由刚入门的新人将这些廉价商品卖给自己的下线。其主要特征是，产品只在内部流通，市场上很难见到类似的产品。

（4）能否退货是区分的关键因素之一

正规的直销公司，在产品出现质量问题的情况下，允许消费者退货，或者采用上门服务的方式，维护消费者的利益。很多人在市场中曾看见过这样的广告：产品在7天内遇到质量问题，可到销售点退货；还有些厂家打出假一罚十的广告，这一点是非法传销公司不能做出的承诺。非法传销公司的产品一旦售出就不能退换，或者会想方设法给顾客设置障碍使其知难而退。

（5）收入上是否具有超越性

正规的直销公司，收入上的表现方式为“多劳多得”，不论是主管、新员工还是老员工，只要销售业绩好，就能得到较高的工资，而且新员工所拿到的工资，完全可能高于老员工。非法传销公司就不一样了，它的收入模式呈“金字塔”结构，因此出现了谁先进来谁在上，谁拿到的工资就越多，后来者的收入永远不会超过先进来的人。这就是区分直销与传销的一个明显标志。

（6）市场上有无店铺

店铺销售模式是直销与传销的最大区别，我国经历了1998年全面整顿金字塔式传销后，很多直销企业改换形式，以店铺销售形式出现在市场上。这种特殊的直销经营方式让推销员归属到店里，这样不仅方便了公司的直接管理，也从形式上与传销公司区别开了。而非法传销组织在市场上则没有店铺。

传销活动害人不浅，求职者找工作时，一定要按照以上几点，仔细区分直销与传销，千万不要被传销的假象蒙蔽了双眼，做出害人害己的事情来。

8. 防范心理弱，误入黑企

求职者往往防范心理不够强，容易被黑企设下的圈套所诱惑，不知不觉地往“陷阱”里跳，当醒悟过来时，为时已晚。

与用人单位比较而言，求职者本来就处于弱势地位。有些人一旦误入黑企后，他们只会自认倒霉。不仅不做反抗，反而会“近墨者黑”。他们认为，在这种情况下，自己没有权势与黑企周旋，只好“顺其自然”了，这是一种极其愚蠢的做法。为了免除后患，求职者应该用法律武器来维护自己的合法权益。

如今，开公司的自由度越来越灵活，黑企便逐渐增多，一些职业欺诈案例也不断发生。虽然有些劳动部门已将黑企的名单公诸于众，但是，仍然会有一些求职者上当受骗。究其原因，主要是由于求职者防范心理不够强，容易被黑企设下的圈套所诱惑，不知不觉地往“陷阱”里跳，当醒悟过来时，为时已晚。

这里提醒求职者，找工作时一定要擦亮眼睛，以免跳进黑企设下的“陷阱”，被这些利欲熏心的“黑企”的骗人把戏所迷惑。

所以，应该到正规的公司去谋职，但是有一些企业虽然打着招聘员工的幌子，却向求职者收取职位保障金。例如，他们会保证，只要求职者在上岗前交了这笔保障金，便可获得月薪 2000 元甚至更高工资的职位，不管求职者自身条件如何，企业一律可以接收，其实，在这种虚假承诺的背后，有着不可告人的秘密。

一家企业在招聘中提出了这样一个要求：求职者一旦被录用，便可享受到月薪2000元的工资待遇，不过求职者在上岗前，必须缴纳2万元押金。这明显是一个圈套，但有些求职者依然愿意往圈套里跳，自掏腰包交了2万元押金。当双方签订劳动合同时，求职者又不能及时地发现合同中的不合理规定，例如，求职者辞职不退押金、做错事不退押金、工作业绩未达到要求不退押金……在这种情况下，求职者盲目签订合同的结果只能是暗地叫苦了。

冯伟在求职过程中，曾遇到过这样一种情况：上岗后，企业强制要求刚上岗的职工，购买公司内部销售的笔记本电脑，其价格高出市场价格一倍还要多，不但如此，企业还会以各种借口向求职者收取费用，如培训费、保密费、教材费、指导费等，这些利欲熏心的黑企，完全把招聘行为当成了营利性的买卖活动。

据调查，大部分黑企都是服务性公司。如某贸易公司，涉及计算机、机电、食品、服装、IT技术和保险等多种行业，求职者到这样的公司求职时，一定要提高警惕，把眼睛擦亮，谨防上当受骗。

吕志浩是刚毕业的大学生，找工作时被一家贸易公司打出的广告所吸引，便上门面试。面试的顺利程度让他咋舌，他刚刚在该公司的登记册上签下名字，就被录用了，而且提出的月薪高得让他简直不敢相信自己的耳朵，不但如此，公司还承诺为员工解决食宿问题，但唯一的要求就是要员工交400元押金。吕志浩抵挡不住高薪与优厚待遇的诱惑，便清空了自己的腰包，交了400元押金。不料，当他正式去上班时，公司却从“人间蒸发”了，此时吕志浩才意识到，这是一场骗局。

通常情况下，黑企在招聘过程中，往往会露出一些蛛丝马迹，例如：对求职者的人数、学历、经验、户籍等都不做限制，但是要求求职者在上岗前必须先交钱。由此可以判断，这样的企业十有八九是黑企，求职者最好远离它们，以免上当受骗。

9. 网络招聘的陷阱

非法传销组织在网络上以“好工作”、“高收入”等极富诱惑性的宣传进行假招聘，涉世未深的大学生很容易被诱惑上当，有的甚至深陷其中不能自拔。

现象一

大学毕业生小杨通过某网站的广告找到一次面试机会，在面试单位要求交300元材料费的时候，小杨毫不犹豫地掏出了钱包付了费。因为，他觉得该单位看上去比较正规。

出乎小杨意料的是，在交了300元之后，他一直没有接到上班的通知。当小杨第二次去面试的地点之后才发现，那家公司已经人去楼空。无奈之下，小杨找到登载广告的那家网站，网站的工作人员告诉小杨该网站只负责登载招聘广告，不负责确认用人单位的真伪。甚至网站的工作人员还反问小杨：“你的文凭、年龄、工作经历等基本情况我们不是也无法确认吗?”

现象二

柳萍相貌出众，上大学时是公认的“校花”。毕业后柳萍听说某航空公司网上招聘“空姐”，于是按要求寄去自己的资料和艺术照，半个月后，复试通知没等到，却在该网站上看到自己的照片被命名为“某性感少女玉照”，点击率高达数万次。

现象三

某同学在一网站上看到沿海某省重点高中招聘教师的广告，随即填写了一份详细的资料。一星期后他开始收到莫名其妙的短信和邮件。原来这是非法网站以招聘为幌子，骗取网民详细资料后出售给中介公司牟利。

现象四

姬先生在网上求职，填写简历时，为确保用人单位能随时联系到自己，就把家里的电话填上了。没过几天，姬先生的父亲就收到一个陌生人的电话，说姬先生被汽车撞伤了，住院需要3万元手术费。姬先生的父母被吓坏了，慌慌张张去筹钱。当时，家里只有两万元存款，他的父亲便向亲戚求助。亲戚一听，觉得事情蹊跷，就问姬先生的父亲是否给儿子打过电话？姬先生的父亲这时才醒悟过来，马上给儿子打电话。结果儿子好端端的，根本没出事。姬先生事后说，都怪自己不慎重，轻易把家里的电话告诉他人，结果招来不法之徒，让家人虚惊一场。

现象五

一天，杜先生在网上浏览招聘网页时，看到广州市某科技发展公司招聘职员且月薪3600元的信息，于是拨通了招聘信息上公布的电话号码。一位姓苏的经理询问了他的一些基本情况后说，你的条件基本符合公司的要求，务必在一周内带简历和2500元到某宾馆面试，苏经理反复强调：公司的招聘名额不多，不要错过机会。苏经理的话让杜先生非常激动，他连父母、朋友也没告诉，第二天清晨便收拾妥当，赶去面试了。

下午4点钟左右，杜先生在电话里约好的宾馆接受了该公司苏经理的面试。晚上7点钟左右，苏经理请他和另外3名应聘者吃饭，并且告诉他们：你们被公司录用了，饭后送你们到办事处接受五天封闭式培训，然后到公司上班，月薪3600元。大约晚上10点30分左右，他们被带至一栋楼内。苏经理说，为了不影响培训，从现在起不许与任何人联系，并拿走了他们的手机。

杜先生和那3位应聘者接受了五天有关网络连锁营销内容的培训。苏经理说，公司的业务就是通过网络开展营销。培训结束后，苏经理要他们每人交1800元买一套公司的化妆品，还说他们的工作就是通过电话联系客户，建立营销网络，推销公司的化妆品，进入公司网络的人越多，他们的收入就越高。

杜先生这时才明白过来，他们全是被骗来搞传销的。于是几个人悄悄商量如何脱身。然而他们被分开两处，日夜被监视，难有机会逃生。直到后来公安机关得到群众举报，杜先生等人才被解救出来。

现在一些大学生求职心切，可是缺乏社会经验，因而对虚假的网络招聘缺乏足够的警惕性和分辨能力，所以容易成为非法传销组织的“目标”。非法传销组织在网络上以“好工作”、“高收入”等极富诱惑性的宣传进行假招聘，涉世未深的大学生很容易被诱惑上当，有的甚至深陷其中不能自拔。

很多公司或不法分子常常会利用求职者急于求成的心理，以及网络求职的便利，把“黑手”伸向网络招聘，面对网络求职陷阱，求职者应“多管齐下”防止被骗，将上当受骗的风险降到最低。

10. 迷信心理：选择工作凭“算命”

面对激烈的竞争，一些求职者对就业产生了恐惧，并对自己的未来感到很茫然，有些人明知道街上算命看相的不可信，但是为了缓解心理压力，还是要算上一卦。

南京的张小姐经过几年努力，终于拿到研究生毕业证书。由于她学的是医疗专业并自认为这是一个热门专业，所以，一开始对那些小医院的招聘根本不屑一顾。转眼间几个月过去了，张小姐依然没有找到一家大医院的工作。南京没有职位，她并没有泄气。于是离开南京，辗转上海、苏州、武汉等地求职。一晃又是几个月过去了，辗转的几个城市并没有给她带来好运。

后来张小姐又回到南京，终于在江宁区一家民营医院找到了一份工作。由于她有研究生的文凭，民营医院对她非常器重，尽量让她发挥所长。也许是医院肯定了她的能力，不久她的性格就发生了变化。一开始是把身边的同事不放在眼里，接下来连医院的领导也瞧不起了。由于她目中无人，工作中不能和同事沟通，最终导致一起医疗事故，被医院炒了鱿鱼。

离开这家医院，她先后又去了另外几家医院，因为种种原因，最终都失去了工作，成了一名高学历的无业人员。

失业后，张小姐在家当起了全职太太。也许是受到的打击太多，她渐渐地变得忧郁起来。一天，在寒山寺门前，张小姐看见有几个算命先生在那里给人算命，就走了过去。一名留着长胡须操着安徽口音的老者热情接待了她。张小姐报过生辰后，算命先生掐指一算，连连摇头，称张小姐命运不好，才会导致工作受挫。最后，算命先生还说现在这种情况才刚刚开始，更可怕的事情还在后面。如果要想事业一帆风顺，就必须按照他的指示消灾，但这得付一笔钱。

张小姐听了算命先生的一席话后，再联想到自己的遭遇，心里非常难过。一天晚上，她的情绪特别恶劣，趁爱人外出之际，留下一封遗书便在自己的房间里上吊自杀了。所幸很快被人发现，送到医院及时抢救，终于捡回一条性命。

面对激烈的竞争，一些求职者对就业产生了恐惧，并对自己的未来感到很茫然，有些人明知道街上算命看相的不可信，但是为了缓解心理压力，还是要算上一卦。之所以出现这种现象，主要是由于以下三种原因：

（1）对自己没有信心

大学生通过算命来指导自己求职乃至生活、学习和工作，是对自身不负责任的表现。求职者无法得知自己的行为谁负责，因为在学习、日常生活中的一些问题上，有些大学生对自己的未来十分迷茫，一旦感到自己无法掌控自己今后的生活、对未来缺乏信心时，他们就很容易将希望寄托在这些所谓的“大师”身上，寻求一种慰藉。“不问苍生问鬼神”，试想：一个人既然相信冥冥之中自有天意，还要奋斗干什么，有什么困难去卜个卦就行了。如此安排命运，事实上是对自身的一种极度的不信任，长此以往，就会失去进取心与自信心。

（2）教育方面存在误区

封建迷信不可信是小学生都知道的事情，为何接受了高等教育的大学生仍然“求神问鬼”呢？这说明某些高校教育存在误区。家长每年花近万元的费用把子女送入大学，本想让他自强自立成人成才，没想到经过几年高等教育后，却开始“求神问鬼”了。所谓“几万辛苦钱，越学越回头”，大概说的就是这个意思。

（3）就业市场竞争激烈

大学生算命，就业困难是一个不可忽略的因素。正是因为就业市场竞争激烈，有些求职者才依靠“算命”来推测自己的职业倾向。

参与算命活动的学生无非源于两种情况：一种是遇到无法解决的现实问题；另一种是对未来感到焦虑。但是，算命除了心理暗示外对解决现实问题起不到任何作用。所以，求职者应采用科学有效的方法对待困难和问题，求助一些真正能够给予帮助的专家、团体进行咨询。

心理脆弱是很多大学毕业生的通病，虽然就业压力以及考研难度逐步增大，但是，大学毕业生用“算命”这种自欺欺人的办法自我安慰、自我减压实不可取。在被几家用人单位拒绝后，或者在考研复习中遇到困难时，抑郁烦躁是很正常的情绪表现。离开父母的大学生此时想找个人说说话、帮自己出出主意，无可厚非。但是，如果要靠算命先生指点迷津，让“上天”安排命运，不免过于荒唐。

如果仅仅是一时娱乐，听听也无妨，但如果对算命深信不疑，那就是迷信。迷信带来的危害后患无穷。

如果“算”出来的命运很好，很容易使人不努力：“既然上天注定我会找到好工作，我何苦要着急呢?”

如果“不幸”被算命先生说是“命运不济”，则会造成心理上的消极：“反正我再努力也不可能找到好工作，努力也白搭。”

生活中遭遇挫折不可怕，可怕的是精神意志上的消沉，如果连奋斗的动力都失去了，那么不管你是“红运当头”还是“命运不济”，结果都只有一个：失败。

所以，大学毕业生不应该根据算命先生的只言片语，草率地决定自己的命运，而应该理性对待就业、升学压力，根据专业知识和性格特征、个人能力等综合因素来评价自己，树立起现实的、积极的人生观，选择正确的人生道路，把握自己的未来，掌握自己的命运。

算命属于民俗学中命理学的内容，没有科学根据。专家建议，大学生用算命来缓解心理压力，倒不如多花些时间学习更多的知识充实自己。只有通过扎扎实实地奋斗，才会找到合适的个人位置。

第四章 办公室的心理学陷阱

有位哲人说过："你不要怨恨别人对你不公平，也不要怨恨别人欺负你，是你自己让别人这样对你的。"换句话说造成你苦恼的"元凶"，其实就是你自己。工作中，你不仅会因掉入别人为你设计的心理陷阱而苦恼，很多情况下你也会因为掉入自己给自己设计的心理圈套而不能自拔，在防范别人的同时，也应该给自己的心灵多晒晒太阳！

1. “为老板打工”的负面心理

“我不过是在为老板打工。”这种心理要不得。在许多人看来，工作只是一种简单的雇佣关系，做多做少，做好做坏对自己意义并不大，这种负面的心理效应对你的成功起着重大的阻碍作用。

汉斯和诺恩同在一个车间里工作，每当下班的铃声响起，诺恩总是第一个换上衣服，冲出厂房，而汉斯则总是最后一个离开，他十分仔细地做完自己的工作，并且在车间里走一圈，看到没有问题后才关上大门。

有一天，诺恩和汉斯在酒吧里喝酒，诺恩对汉斯说：“你让我们感到很难堪。”

“为什么?”汉斯有些疑惑不解。

“你让老板认为我们不够努力。”诺恩停顿了一下又说，“要知道，我们不过是在为别人工作。”

“是的，我们是在为老板工作，但是，也是在为自己而工作。”汉斯的回答十分肯定有力。

但是，大多数人并没有意识到自己在为他人工作的同时，也是在为自己工作——你不仅为自己赚到了养家糊口的薪水，还为自己积累了工作经验，工作带给你的远远超过薪水以外的东西。从某种意义上来说，工作真正是为了自己。

我们常常讲努力工作，那么怎样才算努力工作呢？努力工作就是尽自己最大的努力把工作做好！从低层次讲是拿人钱财，给人消灾，对老板有个交代；更高层次上则是摈除“为老板打工”的思想，将工作当成自己的事，融入一种使命感和道德感。而无论哪个层次，努力工作所表现出来的就是认真负责、一丝不苟、善始善终的工作态度。

当你把努力工作也养成一种习惯，哪怕一开始并不能为你带来可观的收益，但是可以肯定，你的付出永远比那些缺乏敬业精神懒散的人好十倍。一旦散漫、马虎、不负责任的做事态度深入到我们的潜意识中，那做任何事都会随意而为之，其结果自然可想而知。

来看有这样一个故事：

贝恩做了一辈子木匠，并且以其敬业和勤奋深得老板的信任。年老体衰时，贝恩对老板说，自己想退休回家与妻子儿女享受天伦之乐。老板十分舍不得他，再三挽留，但是他去意已决，不为所动。于是老板只好答应他的请辞，但希望他能再帮助自己盖一座房子。贝恩自然无法推辞。

贝恩已归心似箭，心思全不在工作上了。用料也不那么严格，做出的活也全无往日的水准。老板看在眼里，但却什么也没说。等到房子盖好后，老板将钥匙交给了贝恩。

“这是你的房子，”老板说，“我送给你的礼物。”

老木匠愣住了，悔恨和羞愧溢于言表。一生盖了如此之多华亭豪宅，最后却为自己建了这样一座粗制滥造的房子。

这也许不过是一个故事，但是生动地说明了你所做的努力并不完全是为了老板，归根结底你是为自己而工作。

贝恩没有保持晚节，而许多年轻人却是一踏入社会就缺乏责任心，以善于投机取巧为荣；老板一转身就懈怠下来，没有监督就没有工作；工作推诿塞责，画地自封；不思进取，反而以种种借口来遮掩自己缺乏责任心。懒散、消极、怀疑、抱怨……种种职业病如同瘟疫一样在企业、机关、学校中流行。付出多大的努力，都挥之不去。值得钦佩的是那些不论老板是否在办公室都会努力工作的人，敬佩那些尽心尽力完成自己工作的人，这种人永远不会被解雇，他在任何地方都会受到欢迎，这个时代更需要这种人才。

“我不过是在为别人打工。”这句话中隐藏着的另外一层意思是：“如果我是老板，我会更加努力。”但是，事实却并非想象得那么简单。

勤奋和敬业并不完全是由于物质的刺激，对金钱的刺激是一种本能的反应，是个人追求最浅的层次，更高层次的则是一种自觉执行的精神，一种对事业更深层次的理解。

杰克是一位颇有才华的年轻人，但是对待工作总是显得漫不经心。有人曾经就此问题和他交流过，他的回答是：“这又不是我的公司，我没有必要为老板拼命。如果是我自己的公司，我相信自己会像老板一样夜以继日地工作，甚至会比他做得更好。”

一年以后，他写信告诉朋友自己离开了原来的工作独立创业，开办了一家事务所。“我会很用心地做好它，因为它是我自己的。”在信的末尾他这样写道。

朋友回信对他表示祝贺，同时也提醒他注意，对未来可能遭遇的挫折一定要有足够的思想准备。

半年以后，朋友又一次得到了杰克的消息，他告诉朋友，自己一个月前关闭了公司，重新去为别人工作，因为“太麻烦、太复杂，根本不适合自己的个性”。

这种结果在意料之中。一开始，许多年轻人都会抱着满腔热情，全身心投入其中，但是一遭遇困境，就缺乏足够的耐心坚持下去。外在的物质利益只能起短时间的刺激作用，必须养成持之以恒和努力的良好习惯。

创业是一种激情，但是如果抱着“如果自己当老板，我会更努力”的想法就会变成一种不良的情绪。有些人的态度十分明确：“我是不可能永远打工的。打工只是过程，当老板才是目的。我每干一份工作都是在为自己获得经验和开阔眼界。等到机会成熟，我会毫不犹豫地自己去干。”

一个人的品性是多年行为习惯的结果。行为重复多次以后就会变得不由自主，似乎不费吹灰之力就可以无意识地、反复地做同样的事情，到后来不这样做已经不可能了，于是形成了人的品性。因此，一个人的品性受到思维习惯和成长经历的影响，在人生中可以做出不同的努力，做出善或恶的选择，最终决定了其未来个性的好坏。

一个人在做雇员时缺乏忠诚敬业的态度，这种习气必将影响到他的整个人生，无论他做何种行业，或者是自己做老板，这种态度绝不会轻易被驱除。

因此，“如果自己当老板，我会更努力”的论调只是自欺欺人，是为自己现在的懒散和不负责任寻找借口罢了。

2. 利用道德效应，逼君就范

某些“伪君子”上司会利用你涉世不深、头脑中还有单纯的道德观念，唱出高调以掩盖自己的私欲。社会心理学证明，人们在“为了社会”、“为了他人”等大义凛然的口号面前，对于本来不可能赞同的意见也会表示赞同，而且无法反驳。

例如，职业球员要求球队能大幅加薪，但是在回答包围他的记者时却总是说：“我一点也不是为了个人而要求加薪的，只是为了提高职业足球界的年薪水准才这样坚持的……”

这里一点也没有责怪这位球员的意思。职业球员也想努力提高年薪，这是理所当然的事。这里想说的是，他并没有公开表达这种愿望，他把年薪涉及的个人问题，漂亮地用全体的问题来顶替了。这也符合人们的道德标准，不是为了个人利益，而是为了大家的利益。

在下属的眼中，“公而忘私”这句话永远正确。也正是有了这句话，有些“伪君子”上司会突破这层道德防线，反其意而用之。他们会对下属这么说：“对我个人来说，随便怎么样都行，但是为了公司，要减薪、要加班……”

超越了个人的利害关系，强调社会意义的口号，人们就容易上当，而且还不好反驳。因此这种伎俩常被那些“伪君子”们用来巧妙地操纵别人。

故而你千万别被“伪君子”的这种高调所鼓舞，一定要谨慎，千万别狂热。一旦遇到对你唱高调的“伪君子”时，一定要小心防范、冷静对付，否则，你就会被“伪君子”所算计。

有时候，“伪君子”上司会打着为了公司和员工的利益着想的幌子询问下属的意见和想法，下属也就轻易开口了，因为不是以自己的意见为前提，责任感和压迫感减轻了，因而警戒心也松懈下来，无意间说出了真心话。

如果被问及：“年轻人对公司和工作是怎样一种想法?”上了圈套的下属会侃侃答道：“觉得自己的价值较工作重要!”或是“和中年以上的上司不太合得来!”结果上司对你的评价由正变成了负。

因此当别有用心的上司问你类似的话时，你应能识破对方欺骗的诡计，并多加思考后再回答才是上策。

3. 取悦他人的马屁精

职场中经常会遇到一些人，利用你爱听赞美话的心理拍你的马屁，这时你就要小心谨慎了，分析对方吹捧你的真实目的，以免掉入对方设计的陷阱。

人多的地方都会有那么几个马屁精，其实马屁精也算不上十恶不赦，但如果拍马屁是在贬低他人而取悦另一人的基础上进行，那这个马屁精就极其讨厌了。

刘强就是一个马屁精。

刘强最擅长的伎俩是看人下菜碟，见风使舵，只要有利用价值就无所不拍，拍上司，拍有背景的同事。可恶的是他拍人时经常贬低别人。一次他得知新来的同事小王是公司老总的小姨子，就巴结小王说："呀，这件银色外套配上你这件毛衫真漂亮，如果小李穿上就不好看，她没你白，穿衣服又没品位，是地摊服装的烂衣架。"

别人总是受到他的这种挤兑，心里特别愤怒，但又不想与之当面争执。有人漫不经心地对一个爱传小道消息的同事说小王是腾格尔的歌迷，又说她的男朋友长得高大英俊，另外，小王唱歌最好听，声音极像那英。

这些话很快传到刘强耳中。第二天，他就给小王送来一盒腾格尔的专辑，小王连连摆手说："不听不听。我根本不喜欢腾格尔的歌。"刘强一愣，赶快转舵道："其实我也不喜欢他。对了，听说你男朋友是个帅小伙，什么时候让我们见识一下？"小王听了有些不悦："我不喜欢谈私事。"

刘强倒是很识相，接道："晚上有没有空儿？咱们一起去歌厅怎么样？反正是周末，咱们开心唱一夜。"小王摇头说不去。刘强劝道："去吧，我还对我的同学说你是那英第二，今天要给她带个歌后去呢。"小王说："你邀请小李呀，我们是高中同学，她可是我们学校的'歌后'。"

刘强一听不再说话，讪讪地回到自己的办公室，他从小王的冷漠里似乎明白了什么。

碰上这样的"马屁精"，千万不要被他的吹捧迷惑，更不要飘飘然不知所以，而应时刻小心谨慎，尽力使自己和这类人保持一定距离，以便冷静地观察对方的举止行为，并准确分析对方吹捧你的真实目的。

4. 信任效应：为他人做嫁衣

人性是自私的，与同事相处要防备来自别人的伤害，保护自己。

常常在电视剧上看到上司巧妙地窃取员工劳动成果的情景，其实生活中也常有。不仅是上司与员工之间，这还发生在职员之间。

在工作中，难免会有要帮助同事的时候，这是应该的。但是你要提防的是，不要进入了别人的陷阱，不要被别人从后面暗算了。莫名地被人利用了还不知道怎么回事，到时候百口莫辩，留给你的只有一肚子的气。

小欣是刚到公司的新人，她在公司是做设计的，在一名看起来很和善的大姐领导下工作。来到公司之后，大姐对她特别好，她也对大姐很感激、很信任。因此工作很是卖力，总是抢着干活。不久，小欣的这位上司就很照顾小欣，拿了一堆资料过来让小欣练练手，让她多干设计方面的事情，并且告诉她说不久以后会有设计大赛。让小欣先按自己的材料设计出图来，然后自己给她改改。小欣听了之后特别地激动，觉得自己终于遇上好人了，为了不辜负大姐的期望，小欣没日没夜地干，经过了两个星期，终于把一份完好精美的图给呈上去了。大姐的确很认真负责，不仅很仔细地问了小欣很多的问题，还把小欣设计的草稿都拿过去了。可是过了许久，没看到大姐有什么反应。但是市的设计大赛结果倒是让小欣目瞪口呆，自己的设计图居然就在里面，而设计人居然是她信任至极的大姐。

小欣失望透顶，却没有办法为自己正名，谁会相信这么一个新来的小员工？我们要做好自己的事情，但是每个人都要多一点心眼。

在工作中，要分清工作的责任，对同事的帮忙应该看人看事，该说“不”的时候要勇敢地说“不”。个人的职责要记清楚，这样即使出了事情也便于查证，是谁的错就是谁的错。要知道，不是每个人都是善良的，不是每个犯了错的人都会承认的。

有些人极其会耍滑头，出了事情就开溜，责任被推得一干二净。这样的人是很讨厌的，但是不管你的感情如何，这样的人就是存在。例如，你的上司在犯了错误之后，叫你去为他承担，并且说不会亏待你的。这样的人你能相信吗？如果那么容易就能得到上司的原谅，他用得着这么担心地让你去吗？

人都喜欢找借口，怕承担责任，这是通病。当一个错误被发现的时候，大家都会努力找与自己无关的信息，争取能找到别人的错，找到一个替罪羔羊。如果是你的错，那么请勇敢一点承认，重要的是想办法把错误弥补好。不要像一般人一样急于推干净自己的责任，本来在这样的事上就很容易造成大家的不愉快。

人不可能不犯错误，是你的错误就承认，不是你的错误千万不要乱认，免得没事给自己惹上一身骚。犯了错误的人一身逍遥，你被人耍了还不知道怎么回事。

也许有人不服，说就看见过帮老板承担责任了，后来老板给了他好处的。不可否认是有这样的事情，有这样的人存在。但是你要注意的是，你遇到的人是什么样的人，不要以为帮老板背黑锅了就会得到好的报酬。这里面有很多要学习的东西呢。

还有就是在和同事相处的时候注意不要随便听信别人的话，不要随便被人出卖，不要掉入别人精心设计的陷阱里面。

有些同事常常为你出谋划策，为你作好计划，在你面前像朋友一样议论一些人让你产生信赖感。但是有时候这样的人是居心叵测的，你照他的意思去做一些事情，结果发现事情不是他说的那样。还有些人却相反，当他遇到难题的时候，很虚心地请教你，当他照你的说法去做了的时候，成功自不必说，失败了之后你就是他推脱责任的直接借口了。

也不要随便找你的同事帮忙，他们不一定真正帮你，出了错误还是你的错。

李东曾讲述过他自己的亲身经历：他踏入社会以后找到的第一份工作是在一家汽车燃料销售公司做推销员。尽管他不太习惯这个工作的工作方式，薪水也不高，但他还是满怀希望地接受了它。

当他到公司的时候发现自己的销售经理就是自己的好朋友刘平，从小一起玩，而且还是公司的销售冠军，李东感觉像遇到了贵人一样。

做销售的除了固定工资之外，工资都是按销售成绩提成的。过了不久，销售业绩不断上升，月薪也提高了不少。但是和刘平的关系却让他感到有点微妙了，她好像在故意躲着李东。

有一次，他们一起出去玩，中途一个叔叔突然打他手机说有急事，让他马上赶过去。他只好把手里大堆的资料都拜托给刘平，让她帮着带回公司，其中有装有他重要客户资料的手提袋。

几天以后，他来到了一家一直由他负责供货的汽车公司，问他们需不需要加货，没想到老板却告诉李东他们已经追加订货了。他很奇怪，这家公司一直是他在跑啊，是谁在中间作梗呢？"那个女的也是你们公司的，好像姓刘，说你这几天生病了，所以她帮忙来送货。我一听说是你们公司的，就收下了！"以后连续几天，他发现自己的客户都被这个女生"袭击"了一遍。根据他们的描述，他断定那个女生就是刘平。

朋友都变成这样，更何况没有感情直接有利益相关的同事呢！

在职场里面，你不够聪明就不要去混，至少你要做到不被别人卖了，不要被别人利用了。我们不提倡你用你的聪明去害人，但是我们至少要学会防人。

不要轻易相信别人，冷静对待别人的事情、别人的热情。别让别人把你当枪使，别人辉煌了，自己一个人气愤地被炒掉了，这样就太不划算了。

我们在做自己工作的时候，多注意办公室的人际关系，多留意每个人的品质。不要做优柔寡断、没有主意的人，做事情不果断的人常常被人利用。也不要对某个人或者某种人带有偏爱，人家很容易利用你的爱心。改掉自己的这些不良习惯，做一个精明的人，不被人欺，不被人利用，认真做好自己的事业。

5. 豪猪效应：保持和同事之间的距离

心理学上的豪猪效应是这样得来的：有一群豪猪，在冬天想用大家的体温来抵御寒冷，紧靠起来了，但它们彼此即刻又觉得刺得疼痛，于是又离开。然而温暖的必要，再使它们靠近时，却又吃了同样的苦。但它们在这两难间，终于发现了彼此之间最适宜的间隔，依这距离，它们能够过得最平安。

人的相处也是这样，相信大家都有这样的感觉：两个人距离很远，没什么接触的时候，两个人会很陌生。渐渐地越靠越近，偶然间，你发现你们知道了许多彼此的隐私，但是争吵、意见也越来越多。正常的朋友之间都会这样，更别说同事之间了。

一个年轻人在她的职业生涯中碰到这样的事情，大学毕业那年，为了证明自己，她只身去了一个离学校很远的城市。城市很繁华、很现代，有她想要的朝气蓬勃和广阔空间，然而唯一的缺憾是人的冷漠。初来乍到的她不认识任何人，走到哪里都是满世界的陌生，没有人一起说话、没有人跟她一起分担离家的苦，整个人像被冰封了，感到冷和荒凉。同学在电话里告诫她说，你一定要有勇气冲破那层冰啊。

美华是办公室里第一个冲她微笑的人。她们从每天只简单打一个招呼，到对某些公共事物发表极其相近的个人看法，再到话题涉及办公室以外的其他种种，美华让她感觉到与人交往的温暖。很快她们的共同话语越来越多，共同的活动也越来越多，工作日一起上班、周末的时候一起 shopping，那段时间她们出入形同姐妹。然而，好景不长，不久她就发现美华是个很自私的人，贪小便宜、攻击他人，这些让她觉得不可饶恕的瑕疵美华全有，而美华也时不时地透露出她的性格里有她不喜欢的固执和较真。开始的时候，彼此还在相互包容着、忍耐着；后来不知道是谁先爆发了，相互说着刺痛对方的话，因为相知的深，所以相伤也深，直到有一天她从这种相互牵制的关系中决然而又不舍地退出。

距离是一种人际学问，在小小的办公室里面，接触最多的就是同事了，慢慢靠近是必然的，产生感情也是很正常的，但是一定要很好地掌握这种感情。功利性的人们聚在一起，也会因为共同的利益而合作，人人都是相互需要的，但是同时也相互利用着，保持距离才能产生安全感。这是很大的一门学问，我们要做的是保持这样的距离。不懂这一点的人老是把握不好这样的距离，理解不好这样的感情而失利。

在一本杂志上看到了职场新人小雪的一系列职场遭遇：她刚参加工作没多久的时候，见了本部门的同事就跟见了亲人似的。大家每天一块上班，说着笑着就把活儿干了，被她戏称为“谈笑间，困难灰飞烟灭”；中午一起到食堂吃饭，其乐融融就像一家人；晚上一干人等时而泡吧，时而去打保龄球，时而去蹦迪。真是有种相见恨晚的感觉。小雪感叹，谁说工作以后不容易交到朋友！

既然是朋友，自然无话不谈，尤其是发牢骚的时候。变态的大老板、偏心的二老板；马屁的他、无知的她，在场人人点头称是，英雄所见略同。谁人背后不说人，哪说哪了，小雪不觉得自己卑鄙。然而，没多久，小雪的宏论陆续、辗转从各个渠道有了反馈，看来当事人都及时地听取了她的意见，有的对她怒目而视，有的偷偷给她准备了小鞋，有的干脆以牙还牙。小雪先是惊诧、愤怒，最后伤心，却发现伤心都找不到理由，再亲密的同事也不是朋友，谈不上背叛；同事是你的，也是大家的，有闻必报，有什么错?!

吃一堑，长一智，小雪发誓，从此逢人且说三分话，不可全抛一片心，除非遇到同事中的真朋友。慢慢地，她有了三五知己，其中一位还是蓝颜知己。虽然对方已为人夫，自己也有谈及婚嫁的男友，但小雪相信，他们可以成为异性间也有纯洁友谊的明证。于是便放心地出双入对、谈天说地，心底无私天地宽啊。殊不知，日久生情，同事在一起的时间比家人还多，两人一来二往就擦出了火花。一场轰轰烈烈的多角恋爱也就此展开，最后的结果是两败俱伤，有情人没成眷属，反而闹得不但两个人都孤零零的，而且连同事也做不成，蓝颜知己黯然离去。

经过这两次事件之后，小雪终于渐渐地成长起来，暗下决心痛改前非。决心下了，面子上还不能露出来，该吃饭吃饭，该娱乐娱乐，心里暗想着拉开距离也需要时间，不能太明显了。忽然有一天，原来走得近的一个上司被调走了，而新任上司恰好与小雪不是很和睦，想当然地认为小雪不会与自己一条心，百般刁难，小雪有苦难言，撑了一阵，终于选择离开。

经历这么多的磨难，我相信小雪应该知道怎么去规划自己以后与同事的距离了。

办公室的同事毕竟还是“同事”的多，建立起来的感情和朋友是不同的，要想继续保持这样的感情就要掌握好距离，不远不近才能既合作又不伤害对方。

在与同事的交往中，应该注意的是要不怕吃亏、不要急于获得回报，但也不要付出太多。要懂得去维护别人的自尊心，创造一种自由的气氛。

在办公室里人人都应该友好，特别对同性则更应相依相助。大家来到了同一个公司就有共同的目标，如果大家都和善一些，那么相处也会容易一些。毕竟谁都不可能在一个公司做一辈子，没有必要这样和别人过不去。

不要做长舌妇议论别人，说别人的坏话，如果你有怨言可以找你的真正好朋友来发一顿牢骚则可。对同事讲那怨言有可能你就埋下了定时炸弹，对同事不是什么话都可以说的。

亲密无间的朋友那是需要选择的，同事更多的就是一起做事的人。保护你自己的隐私，不要干涉别人的内心。保持你们的距离不近不远。

6.“高帽”背后的阴谋

有些人生性喜欢弄权，对付这种人，千万别认真，白白让自己生气，叫对方暗自得意。这时可采取一种以退为进的策略。

某位同事似乎对你特别信服，常常会当众给你戴高帽，如“你真棒，什么事交到你手里去办，一定里里外外都合作，准能顺利完成”等，请别开心得太早，即使你确是如他所说的“能力过人”，但听在大众耳朵里，很可能会有所反感。何况这个人究竟有什么居心？可能是居心不良，即是故意宣扬你的威风史，制造你高不可攀的形象，让其他人看不过眼；当然，亦有可能只是不识时务，还以为帮了你。

这类人多数是以声势取胜，凡事“大声疾恶”，誓要将小事扩大。如你能镇定处事，一切就不容易误中圈套。

例如，某计划进行时出了乱子，此人会风风火火地找到你头上来，当众质问什么原因，许多人会在此情况下不知所措。

请弄清楚，此人是直接管辖你部门的吗？或者，他是这个计划的负责人吗？

答案是否的话，根本不必理会他，告诉他：“事情留下由我们部门去解决吧！”或者：“噢，某主管自会向上司交代一切的！”

但对方确是有关联之人，则不能冷淡待之，不妨耍一套“太极”，这样回答他：“计划不是由我一个人去进行的，我看应该请所有有关人来，召开一个会议，才能圆满地将事情解决。”

新搭档跟你合作了不足3个月，你已发现此人十分不顺眼。他是个好大喜功的人，工作效率一般，总之，一点也不出色。但他最擅长抢功劳，在上司跟前，把你的努力一笔抹掉，把所有功劳归到自己头上。

在与这种搭档共事时，你可主动向上司提出，你跟搭档单独负责某些任务，这样，所有功劳、责任都一清二楚了。不过提出时要有技巧。

有些人很自以为是，又喜欢控制别人。

你的搭档正是典型。他的职务级别虽然跟你一模一样，但在许多情况下，他却会有意无意地表现出凌驾于你之上的意图，让其他人误以为你是受他支使去工作，或一切任务皆由他策划。例如，当你完成了某件工作，他会显得很高兴，并且公开地赞赏你：

“真棒，比预期完成得还快，而且成绩突出，你真了不起!”

有人赞赏，当然值得高兴，但此人并非上司，只是搭档，却又令你有点腼腆，因为听在人家耳里，可能变成“他对你的工作表现十分满意”。长此以往，你的声誉会是怎样？所以，为避免他人误解，实在有必要矫正这种误导。

下次遇上同样情况，你可以这样说：“尽早和尽力完成任务，是上司对我们的要求，你也太过奖了，其实我又不是为你服务。”

类似的事件一再发生，搭档自会明白你的心意，旁人亦不会有误会了。

7. 当心别人藏在背后的刀子

警惕职场中的人在了解你后再打垮你！

作为职场中人，你总是无时无刻承受着来自各方面的威胁。这些绝大多数都是隐性的，都是你很难觉察到的，而且多数来自于你的同事。许多同事对你的态度很和顺，有说有笑，你甚至把他们当做自己最亲近的人，把自己的所有情况，包括欢乐和悲伤、喜好和憎恶，都毫无保留地告诉了他们。但是，这些人往往并不会对你抱以真心，反而透彻明晰地了解你，而后洞悉你的弱点并作为打垮你的利器，把作为他们的潜在威胁的你清除掉，这才是他们的目的。所有的一切都是一个圈套。直到你被他们打得落花流水，地位全无，一直沉浸在畅想之中的你才会如梦初醒。在商界，明里拉帮结派，互帮互助，暗地里却互相拆台使绊的现象不胜枚举。如果你想成为一个成功的人，那么你就要有能力洞察别人是不是对你明里赔笑，暗里动刀。要记住，这个世界并不是充满着温馨怡人的亲情和友情，还有许多时间和场合里充满着伪情和欺骗。不要将自己的底细轻易地向人兜售出去，那样会被居心不良的人当成击败你的利器。

围绕在你周围的有很多人都表现得对你非常友善，肝胆相照，并且信誓旦旦地要和你一起合作，共同创造一片新天地。面对这种情况，你也许会无所适从，因为你无法确定哪一个是真的，哪一个是假的。但是，如果你真正地观察体验，真假还是很容易鉴别出来的：

①对方在倾听你的诉说的时候是报以真诚的同情和感慨呢，还是目

光闪烁，有时会出现若有所思的样子呢？如果是后者，那么对方很有可能是一个居心叵测的人。当然，这需要你去仔细观察他的言行并注视他的眼睛。

②仔细地回想一下，当你有意无意地想结束自己倾诉的时候，他是不是很巧妙地利用一些隐蔽性极强的问题重新打开你的话匣子呢？而且你随后所说的内容又恰恰是容易被别人利用的东西。

③如果你偶然得知有人总是在不经意之中向你所亲近的人打听一些有关于你的消息，那么你最好疏远他们。

④有些笑容并不是很自然，而像是从脸上挤出来的。有时你觉得没有丝毫可笑的地方，而对方却能够笑起来，这种人也要适当地多加小心注意。

⑤如果有些东西你觉得实在忍不住，不吐不快，那么你要尽量找一个自己亲近的人诉说一番，比如你的父母、妻子甚至孩子。这会缓解你心中的郁结，减少情绪上的大起大落，也会更安全。

8. 先下手为强，后下手遭殃

那些散布流言飞语告“黑状”的人，为了使自己编造的“小报告”发挥陷害人的功效，总是要研究人们的心理。

人在工作中难免会有得罪他人之处，如果被你得罪的人是“小人”之辈，你不得不防他在上司面前进你的“谗言”。

一般而言，这些人在陷害人的实践中，也逐渐摸索出这样一个规律，即从总体来说，人们往往对第一印象来得深刻，一经形成，常常会积淀为一种思维上的定式。比如说，某人对张三并没有什么特别的印象，既没有好感，也没有恶感。如果在这时，有人对他说张三其人是如何品行不轨、道德败坏等，那么，他即使是对于该人的话并不言听计从，可是在内心深处却着实地对张三的人品如何打了个大大的问号，心理上也对其呈现出反感的苗头。及至张三自己或者另外的人再为之辩白，说那些攻击张三品行的话语纯系无中生有，颠倒黑白，这时已经晚矣。因为这些观点同前面形成的第一印象发生了冲突，所以很难入脑。除非这个后来的印象特别强烈，或是不断地进行多次重复，才有可能改变或是冲淡先前的第一印象。这就好比是一张白纸，第一笔画上去总是清清楚楚，若要在画过的纸上另画一幅，那么所耗的力气则不知要大多少倍，而且原先纸上已形成的影像也很难彻底地消除。

那些善于编造“小报告”的人正是抓住人们的思维和心理上的这一特点，想方设法地做到捷足先登，先发制人。而被“暗箭”伤害的人往往由于疏于防范，棋输后手，所以大多处于不利地位，有些人甚至连辩解的机会都不可得，白白地被人坑了一下。

我们知道，先发制人的厉害在于告“黑状”的人抢了先手。但是，如果是有可能被诬陷的人事先采取措施，积极地进行自我保护，或者是一闻风吹草动就积极行动起来，自己抢夺了先手，局势岂不完全改观了吗？所以，对于防范和反击“小报告”的每个人来说，要做到克敌制胜，就不能总是“棋行后手”。

汉景帝时，晁错为内史，很受景帝信任，他提出过许多革新的建议。丞相申屠嘉因为晁错的建议触犯了他的利益，一直在伺机构陷。晁错的府第在老皇帝太庙外空地上的矮墙里，出入很是不便，于是晁错在矮墙南面开了两个门，申屠嘉借此大做文章，状告晁错擅凿庙墙为门，奏请杀头。晁错听到申屠嘉的图谋后，赶到申屠嘉之前，将真实情况报告了景帝。所以待到申屠嘉告状时，汉景帝只轻描淡写地说了一句“不是高墙，是庙外空地上的矮墙”，便否决了申屠嘉的“小报告”。申屠嘉回家后大发脾气，说：“我应当赶在他的前面，他赶前了，我反而被他卖了。”晁错的机警使他躲过了一次谗言的灾祸。

因此，我们要积极地行动起来，在那些打“小报告”的恶人告“黑状”之前，抢夺先机，从而击败流言飞语对自己的造谣和诬蔑。

9. 热炉效应：千万不要触犯公司的制度

心理学上的热炉效应告诉人们，每个企业都有规章制度，任何人触犯规章制度都要受到惩处。

企业的规章制度都是为了保证企业的整体利益，你一旦触碰了，就会损伤集体的利益，那么对公司是不利的，于是受到轻重不同的惩罚就是必然的了。

热炉效应形象地阐述了惩处原则：

（1）警告性原则

热炉火红，不用手去摸也知道炉子是热的，是会灼伤人的警告性原则。企业领导要经常对下属进行规章制度教育，予以警告。

（2）一致性原则

每当你碰到热炉，肯定会被火灼伤的一致性原则。说和做是一致的，说到就要做到。也就是说，只要触犯规章制度，就一定会受到惩处。

（3）即时性原则

当你碰到热炉时，立即就被灼伤的即时性原则。惩处必须在错误行为发生后立即进行，绝不能拖泥带水，绝不能有时间差，以便达到及时改正错误行为的目的。

（4）公平性原则

不管是谁碰到热炉，都会被灼伤的公平性原则。不论是企业领导还是下属，只要触犯企业的规章制度，都要受到惩处。在企业规章制度面前人人平等。

（5）痛苦性原则

热炉是真的，灼伤也是真的痛苦性原则。王子即刻变为庶民，鲜花立马变成咸菜，绝不跟你开玩笑!

因此，我们要严格执行企业的制度，有了规矩才能成方圆。试想作为公司的一员，我们有义务把自己的团体纪律遵守好，一旦有人越轨就要及时采取措施。就像一个国家里面，有人故意杀人放火，这是要受到严厉惩罚的。在企业也是一样，如果你违反了明文规定，等着你的就是严厉的惩罚。

在古代，孙子就给我们做出了很好的表率。

孙子带着自己所著的兵法觐见吴国国王阖闾。阖闾要孙子用妇女来检验他的兵法。于是，选出宫中180个美女。孙子将其分成两队，并用吴王宠爱的两个妃子担任两队的队长，命令每个人都拿着戟。孙子讲清楚了训练的动作要领，三番五次地宣布了纪律，并把用来行刑的斧钺摆好。于是击鼓命令向右，妇女们却哈哈大笑起来。孙子说："纪律不明确，交代不清楚，这是将帅的罪过。"又三番五次地讲纪律，然后命令击鼓向左，妇女们又哈哈大笑起来。孙子说："纪律不明确，交代不清楚，这是将帅的罪过；既然已经再三说明了而不执行命令，那就是下级军官的罪过了。"于是孙子不顾吴王的反对，杀了他的两个宠妃示众。在孙子接下来的训练中，无人敢再笑，所有的动作都符合规定的要求，队伍训练得整整齐齐。阖闾知道孙子善于用兵，最终用他为将，孙子的威信也从此建立。

而吴王那两个妃子就是触犯规矩的人，她们马上就受到了处罚，虽然本来是很受宠爱的。这就见证了热炉原则的应用之广。你侵犯了权威，伤害了集体的利益，那么集体就要拿你杀鸡儆猴。

从另外一个方面来说，大家都知道职场上的人际关系是很微妙的，如果你触犯了公司的条例，那么你就有把柄被别人抓住了，这样对自己的发展是很不利的。

再者明明企业三番五次明文规定的事情你都要犯，那么在老板的眼里，你的好感就会被降低。人心是很奇特的，如果你一辈子当好人却做了一件坏事，那么你会因为这件坏事而被怀疑所有的事情，以后也难以被相信了。但是如果你一直都做坏事，偶尔做了一件好事被人知道了，大家就会觉得你以后会改好。

相同的道理，你本来表现很好，一旦违犯了公司的规章制度，那么你就有可能难以被上级相信了，因为你已经有了前科。公司的一些平常就不怀好意的人更是会抓住这种机会，到那个时候大家都不好帮你了。

刚刚离职的小吴的叙述可以让你更清楚地看待一下这个问题：

在上一家公司我只待了两个多月就被迫离开，这是我工作以来第一次遇到滑铁卢。怎么说呢，虽然我不喜欢那个公司和那份工作，但是被迫辞职就相当于被炒鱿鱼，心里多多少少受了点伤害，对我这样一个自尊心很强的人来说，真是很没有面子的一件事情。

不要轻视你所在的公司。即使你清楚地知道这家公司有许多做得不妥当的地方，你只要好好打工，做自己分内的事就好了。

不要迟到。特别是在那些不打卡的公司更不要迟到，我被人告状的罪状之一就是我上班有时候迟到。在有制度的公司，迟到多久就扣多少工资是有章可循的，我迟到多久也没有人唧唧歪歪，因为大家都知道会有扣工资的惩罚在等着我；但是在没有制度的公司就要靠人说话了，即使你只迟到了5分钟，只有一两次，也会被夸张被扭曲，而且你还没有解释和申辩的权利，因为你没有证据，而且你没有因此受到惩罚，所以你必须接受工作不认真的结论。

当然，他的离职还有很多其他的原因，现在我们就来看小吴迟到的事情。我们很多人上学也迟到过，受过惩罚，但是和公司的惩罚是不同的。况且迟到还只是规章制度里面的一些小条例，就这样的事情也被人抓住成了一大罪状。

所有的人都要记住：制度是经过考虑形成的，一定要遵守。万一你违反了，那么你就会像碰到热炉子一样受到处罚。做好每个人的事情，认真遵守公司的守则，就像我们守法一样。

10. 容易断送你职业生涯的心理陷阱

为什么许多才华横溢的人也难逃失败的命运?

美国哈佛商学院 MBA 生涯发展中心主任詹姆士·华德普与提摩西·巴特勒博士，归纳出以下有缺陷的职场心理行为模式。

每个人在职场中或多或少都有这样的模式，所以在迈向成功之前，更需要时时检视自己，不管是高级主管还是基层员工。

(1) 狂妄、专制、完美主义

他们不切实际，找工作时，不是龙头企业则免谈，否则就自立门户。进入大企业工作，他们大多自告奋勇，要求负责超过自己能力的工作。结果任务未达成，仍不会停止挥棒，反而想用更高的功绩来弥补之前的承诺，结果成了常败将军。

这种人也喜欢出风头，在稳定的社会或企业中，他们总是很快表明立场，生怕没有人注意他。其实这是为了掩盖内心的虚弱。

这样的人总要求自己处处做英雄，也严格要求别人达到他的水准。在工作上，他们要求自己与部属“更多、更快、更好”。结果，部属被拖得精疲力竭，纷纷“跳船求生”，留下来的人则更累。

工作中他们甚至会不懂装懂，嘴上喜欢说的话是：“这些工作真无聊。”但他们内心的真正感觉是：“我做不好任何工作。”他们希望年纪轻轻就功成名就，但是又不喜欢学习、求助或征询意见，因为这样会被人以为他们“不胜任”，所以他们只好装懂。

他们或者言行强硬，毫不留情，就像一部推土机，凡阻挡去路者，一律铲平，因为横冲直撞，攻击性过强，不懂得绕道的技巧，结果可能伤害到自己的职业生涯。

（2）逃避、悲观、压抑

这种人虽然聪明、有历练，但是一旦被提拔，反而毫无自信，觉得自己不胜任。他们的核心信念是“我不够好”，尤其是出现挫折和挑战的时候，他们这种自我破坏与自我限制的负面想法占了上风。

他们可能会成为典型的悲观论者，开始杞人忧天。采取行动之前，他会想象一切负面的结果，感到焦虑不安。这种人担任主管，会遇事拖延，按兵不动。因为太在意羞愧感，甚至担心部属会出状况，让他难堪。

然后他们会觉得自己失去了职业生涯的方向。“我走的路到底对不对?”觉得自己的角色可有可无，跟不上别人，也没有归属感。

他们的另一个极端表现就是无条件回避问题。他们身为主管，本来应当为部属据理力争，为了回避冲突，可能被部属或其他部门看扁。为了维持和平，他们压抑感情，结果，他们严重缺乏面对冲突、解决冲突的能力。到最后，这种解决冲突的无能，蔓延到婚姻、亲子、手足与友谊关系。

（3）非黑即白、机械

这种人眼中的世界非黑即白。他们相信，一切事物都应该像有标准答案的考试一样，客观地评定优劣。他们总是觉得自己在捍卫信念、坚持原则。但是，这些原则，别人可能完全不以为意。结果，这种人总是孤军奋战，常打败仗。

这种人的僵化还表现在完全不了解人性，很难了解恐惧、爱、愤怒、贪婪及怜悯等情绪。他们在通电话时，通常连招呼都不打，直接切入正题，缺乏将心比心的能力，他们想把情绪因素排除在决策过程之外。

这些人通常都是好人，没有心机，直来直去，不分场合说话，甚至因为管不住自己的嘴巴，断送了事业前程。

11. 趋合心理：坚持愚蠢的坚持

心理学研究表明，人们天生有一种做事有始有终的驱动力。请试画一个圆圈，在最后留下一个小缺口，现在请再看它一眼，你有一种冲动要把这个圆完成。这就是“趋合心理”，是促使人们完成一件事的内驱力的原因之一。

有一个人在农村老家旧屋子的麦缸里，发现了一只死老鼠。经过一番勘察，他明白了“悲剧”的前因后果。这只老鼠因为偷吃麦子，掉进了缸里爬不出来。但这是一只坚强而有主见的老鼠，它开始在缸底咬起来，终于咬了一个洞。但它没有想到的是，它咬透的洞正好被一根粗大的圆木顶住。于是它又开始咬这根圆木。可是方向却是顺着圆木的中心。它咬了二尺多深，终于又饿又渴，精疲力竭地退回到缸里，力竭而死。

在为这只坚韧不拔的老鼠惋惜的同时，我们也得到一些有益的启示：有时放弃比坚韧不拔更重要。当我们在人生的路上举步维艰时，所要做的或许并不是坚持到底，一条路跑到黑；而是停下来想一想，观察一下，问一问自己：选择的这个方向对不对？是不是已经到了应该放弃的时候？管理学家菲尔茨曾经说：如果一开始没成功，再试一次，仍不成功就应该放弃，愚蠢的坚持毫无益处。

1927 年，心理学家蔡戈尼做了一个实验。她将受试者分为甲、乙两组，让他们同时演算相同的并不十分困难的数学题。让甲组一直演算完毕，而在乙组演算中途，突然下令停止。然后让两组分别回忆演算的题目。结果，乙组记忆成绩明显优于甲组。这是因为人们在面对问题时，往往全神贯注，一旦解决了就会松懈下来，因而很快忘记。而对解不开或尚未解开的问题，则要想尽一切办法去完成它，因而一直潜藏在大脑里。

这种心态叫“蔡戈尼效应”：人们之所以会忘记已完成的工作，是因为欲完成的动机已经得到满足；如果工作尚未完成，这种动机因未得到圆满而给人留下深刻印象。

对大多数人来说，蔡戈尼效应是完成工作的重要驱动力。但是有些人会走向极端，内驱力过强，非得一口气把事做完不可。比如被一本间谍小说迷住了，哪怕明天早上还有一个重要会议，读到凌晨4点也手不释卷。如果是这样，就需要调整这种过强的完成驱动力，否则就可能成为时间管理的障碍。

一个经常不把工作做完的人，至少能够保留一定的时间和精力，可能生活得丰富多彩；一个非把每件事都做完不可的人，驱动力过强，可能导致生活没有规律、太过紧张。对于后者来说，只有减弱过强的驱动力，才可以一边做事一边享受人生。改变不做完不罢休的态度，不仅使你能在周末离开办公室，还有时间去应付因工作带来的问题：自我怀疑、感觉自己能力不够或过度紧张，等等。

我们为了避免半途而废，很可能冒着把自己封死在一份没有前途的工作上的危险。兴趣一旦变成狂热，就可能是一个警告信号，表示过分强烈的完成驱动力正在渐渐主宰你的生活。有人会强迫自己织完一件毛衣，结果虽然不喜欢那件毛衣，但却觉得非穿它不可。对于有些事，不应该害怕半途而废。

以下几个问题可以告诉我们是应该坚持还是放弃：可以获得更多的信息和帮助吗？是否有无法克服的阻力？比如我们希望在一个公司里步步高升。但是公司里高层全部是家族成员。可能的回报是多少？我们值得为10万元进行一年的努力，但却不值得在一个只能创造几元钱利润的客户身上浪费三个小时。未完成计划或维持现状需要付出多少？是否有足够的本钱等待回报？很多人在巨大回报出现之前的那一刹那倒下，因为没有足够的资本坚持等待。我们是否在维持一种必然没有回报的现状？如果一个同事答应帮助我们却食言，那么就要调查一下他是否经常食言。如果是，就应该断绝这种过高代价的关系；如果不是，那么就宽容一次。是否在参加结局早已决定的竞争？在有些比赛和选拔中，早就有了内定人选，无论我们有多努力也没有任何机会，那么就别在这种不诚实的竞争中“陪太子读书”。

我们要想成功，必须学会把脱缰之马一般的完成驱动力抑制住。运用自己的价值观标准，如果发现一个工作计划不值得做，那么就勇敢地放弃。我们可以先从小事来训练自己，比如强迫自己在洗碗槽里留下几只碟子不洗；看一本书的时候，尝试停一下，想想自己是否在浪费时间和精力，还要不要继续看下去？

12. 职场陷阱要警惕

职场是复杂的，明争暗斗，处处都有陷阱和地雷，一不小心就可能成为上司或同事利用的对象。善于独立思考，保持一定的警惕是十分必要的。

社会是复杂的，什么样的人都有，对于刚入职场的年轻人，要善于明辨是非，学会从自己身边人的言行举止中，辨识出“忠奸”。有个别心术不正的同事喜欢拿新人当枪使，如果不熟悉他们的伎俩，就会吃亏上当。

小张刚毕业，分到车间当调度。一天，车间主任告诉他，公司下达了加工两种型号机床配件的任务，时间很紧，并征求他的意见，看如何安排。小张提出，最好充分发挥各种设备加工的能力，将两套配件同时安排、同时生产。主任采纳了他的建议，并让他着手组织生产。但是，在配件加工的过程中，主任又突然告诉小张，说接上级通知，其中一种零件应提早交货。此时再更改生产计划已不可能，只能眼睁睁地延误交货期。厂长对此十分恼火，要追究主任的责任，而主任却把责任全推到了小张身上，并无中生有地说，他并不同意这种安排，完全是小张自作主张这样干的。厂长扣了小张半个月工资，把小张气个半死，却有理无处说，因为没有证据。

刚参加工作的年轻人，常常会被人利用而不自知，在工作单位里，这种情况并不少见。那么如何去处理这种情况呢？

要分清责任界限。别人一时有难，伸出援助之手拉他一把，确实是应该的。但要把这样做的后果想清楚，不能什么事都无条件地承担，不管他是什么人。

下属要勇于为上司所利用，为上司排忧解难，做上司的先头兵，做这些都可能在被利用中实现自己的价值。所以，被上司利用是应该的，但被上司当枪使以至于受到严厉的惩罚，这样既不光彩，也不合算。所以，被人利用不能超过一定的度。当然，在日常生活中，在人与人之间的交往中，大多只是鸡毛蒜皮的小事。但不管事大事小，都应小心对待。为人处世，首先要懂得自我保护，使自己的利益、名誉等不受损害。

有时，有些同事常常会求别人帮忙出主意。他们表面上听从别人的建议，按照别人的意思行动，但实际上一点也不负责任。对于这种人，千万要提高警惕，特别是当他主动征求你对某一问题的看法，如某项工作如何安排，某件事怎么办时，更要注意这个“陷阱”。

所以，跟同事相处一定要弄清对方的真实意图。

但凡被别人当枪使的人，都有这样或那样的致命弱点，或分析能力不够，或辨别是非的能力较差，或抵制力较差，这样的人往往处于被动地位。那些处于主动地位的人往往躲在暗处，操纵或者指挥这些人去替他办那些不便抛头露面的事，说那些极想说而又不便在明处说的话。既能保护自己，又能达到自己不可告人的目的，真可谓一举两得。

生活不是一个真空，总会充满着这样或那样的矛盾，人与人之间总是在这样或那样的矛盾中相处，只不过有时矛盾较为突出，有时矛盾不那么明显罢了。在职场里，这些矛盾主要集中在加薪、晋级等利益问题上。从利益角度去看人，就比较容易看得清了。

第五章 交际中的心理学陷阱

心理学是一门揭示人的心理活动规律的科学，是一门让人变得更聪明的学问。人际关系中的各种问题，都与心理学有着千丝万缕的联系，一旦掌握了相关的心理学知识，阻碍人际交往的心结就会自动解开，许多心理学陷阱就能很容易被识破，否则就会四处碰壁，影响个人关系网的建立和维护，更不用说左右逢源了！

1. 人际交往中的心理学效应

生活中，我们每天都需要与人进行交流，每天都在形成着各种各样的印象，可这些印象往往并不能反映客观事实。为什么呢？是因为一些交往心理效应的作用。

了解这些心理效应是有意义的：利用这些效应的积极作用，克服这些效应的消极作用，利于我们留给他人好印象，建立良好的人际关系。

(1) 首因效应

“首因”也可以说是第一印象，一般指人们初次交往接触时各自对交往对象的直觉观察和归因判断。人际交往中，首因效应对人们交往印象的形成起着决定作用。

初次见面时，对方的表情、体态、仪表、服装、谈吐、礼节等形成了我们对对方的第一印象。现实生活中，首因效应作用下形成的第一印象常常左右着我们对他人的日后看法。因为第一印象一旦形成，就不容易改变。初次印象是长期交往的基础，是取信于人的出发点。

因此，我们在人际交往中应该注意留给他人好的第一印象。如何做呢？首先，我们应该注意仪表，比如衣着要整洁、服饰搭配要和谐得体等；其次，我们要注意自己的言谈举止，为此必须锻炼和提高言谈技能、掌握适当的社交礼仪。

(2) 近因效应

首因效应一般在交往双方还彼此生疏的阶段特别重要，而随着双方了解的加深，近因效应就开始发挥它的作用了。近因效应是相对于首因效应而言的，是指交往过程中，我们对他人最近、最新的认识占了主体地位，掩盖了以往的评价，也称为“新颖效应”。比如，你的一个平凡的老邻居突然做了官，你就会一扫其平凡的印象，对其刮目相看。再比如，多年不见的朋友，在自己的脑海中印象最深的，其实就是临别时的情景；一个朋友总是让你生气，可是谈起生气的原因，大概只能说上两三条；你的一个好朋友最近做了一件对不起你的事情，你提起他来就只记得他的坏处，完全忘了当初的好处……这一切都是近因效应的影响。

近因效应给了我们改变形象、弥补过错、重新来过的机会。例如，两个朋友因故“冷战”一段时间后，一方主动向对方表示好感或歉意，往往会出乎意料地博得对方的好感，化解恩怨。

（3）晕轮效应

所谓晕轮效应，是指我们在评价他人的时候，常喜欢从其某一点特征出发来得出或好或坏的全部印象，就像光环一样，从一个中心点逐渐向外扩散成为一个越来越大的圆圈，因此有时也称光环效应。晕轮效应对人际交往有很大的影响。多数情况下，晕轮效应常使人出现“以偏赅全”、“爱屋及乌”的错误，影响理性人际关系的确立。话说回来，晕轮效应可以增加个体的吸引力而助其获得某种成功，这或许是有利的一面。

为了防止晕轮效应的不利影响，我们要善于倾听和接受他人的意见，尽量避免感情用事，全面评价他人，理性和人交往。如果想利用晕轮效应的有利一面，我们在与人交往时应采用先入为主的策略，全面展示自己的优点、掩饰缺点，以留给他人尽量完美的印象。

（4）刻板效应

我们在评判他人时，往往喜欢把他看成是某一类人中的一员，而很容易认为他具有这一类人所具有的共同特征，这就是刻板效应。比如，北方人常被认为性情豪爽、胆大正直；南方人常被认为聪明伶俐、随机应变；商人常被认为奸诈，所谓“无奸不商”；教授常常被认为是白发苍苍、文质彬彬的老人……

刻板效应在人际交往中既有积极作用，又有消极作用：积极作用在于它简化了我们的认识过程，因为当我们知道某类人的特征时，就比较容易推断这类人中的个体的特征，尽管有时候有所偏颇；消极作用，常使人以点代面、固执待人，使人产生认知上的错觉，比如种族偏见、民族偏见、性别偏见等就是刻板效应下的产物。

（5）定式效应

定式效应也称心理定式效应。心理定式，是指人们在认知活动中用“老眼光”——已有的知识经验来看待当前事物的一种心理倾向。或许你听过这样一个故事：有一个农夫丢失了一把斧头，怀疑是邻居的儿子偷的。于是他观察邻居的儿子的言行举止，没有一点不像偷斧头的贼。后来农夫在深山里找到了丢失的斧头，再看邻居的儿子，怎么也不像一个贼了。这个农夫就是受了心理定式效应的左右。

在人际交往中，定式效应常使人们对他人的认知固定化。比如，与老年人交往，我们往往会认为他们思想僵化、墨守成规、过时落伍；与年轻人交往，又会认为他们“嘴巴无毛，办事不牢”；与男性交往，往往会觉得他们粗手粗脚、大大咧咧；与女性交往，则会觉得她们柔柔弱弱、心细如针；与一向诚实的人交往，我们会觉得他始终不会说谎；碰到曾经圆滑过的人，我们定会倍加小心。知道了定式效应的负面影响，我们就应该注意克服，看待别人要“与时俱进”，要有“士别三日，当刮目相看”的精神。

（6）投射效应

投射效应，就是“以己论人”，常常以为别人与自己具有同样的爱好、个性等，常常以为别人应该知道自己的所想所思。投射效应是一种严重的认知心理偏差。它是由怀疑引起的对别人人格的歪曲。“以小人之心度君子之腹”就是投射效应的典型写照。当别人的想法或行为与我们不同时，我们习惯用自己的标准去衡量别人，从而认为别人是错的。喜欢嫉妒的人常常认为每个人每天都在嫉妒。

克服投射效应的消极作用，我们应该辩证地、一分为二地看待自己和他人，严于律己、客观待人，尽量避免以自己的标准去判断他人。

2. 安慰剂效应：不要一味祈求别人的认可

如果你想获得个人的幸福，你必须将这种祈求他人认可的虚荣心从你的生命中根除掉，摆脱“安慰剂效应”的干扰。

心理学上有一种现象叫“安慰剂效应”。所谓安慰剂，是指既无药效又无毒副作用的中性物质构成的、形似药的制剂。安慰剂多由葡萄糖、淀粉等无药理作用的惰性物质构成。安慰剂对那些渴求治疗、对医务人员充分信任的病人能产生良好的积极反应，出现希望达到的药效，这种反应就称为安慰剂效应。使用安慰剂时容易出现相应的心理和生理反应的人，称为“安慰剂反应者”。这种人的特点是：好与人交往、有依赖性、易受暗示、自信心不足，一味想寻求别人的认可，经常注意自身的各种生理变化和不适感，有疑病倾向和神经质。

在现实生活中，我们总是喜欢祈求别人的认同。从表面上来看，让别人喜欢我们并没有什么害处。但是，要知道，得到别人的爱、别人的认可，是要付出代价的。从本质上来说，这样做并没有什么不对，因为取悦别人与感到自我满足并没有太大的区别。然而，有时你不得不做一些违心的事情，目的仅仅只是为了得到别人的赞赏。有时我们不得不牺牲自己的尊严以换取别人的称赞。当得到别人的认可成为你任何行为的动力时，这种心态就将有害无益。

希望博得他人的认可是人的一种无可厚非的正常心理，然而，人们在获得了一定的认可后总是希望获得更多的认可。所以，人的一生就常常会掉进为寻求他人的认可而活在爱慕虚荣中的陷阱。事实上，这也就流露了需要征得他人的认可和同意的虚荣心理：你对我的看法比我对自己的看法更重要。

你也许把非常多的时间用在了努力征得他人的同意上，或者说用在了担心他人不同意你做的那些事情上。如果他人的赞同或同意成了你生命中的必需，那么，你又多了一件要干的事。你可能在开始时认为，我们都喜欢掌声、恭维和表扬。别人拍我们的马屁时，我们都感觉非常好。谁不愿意被人奉承、恭维呢？没有必要不允许人们这样做。他人的赞同本身并没有害处，寻求他人的赞许只有在它成为一种必需而非一种渴望的时候才是一种误区，才成为一种爱慕虚荣的表现。

如果你渴望得到他人的赞许或同意，那么，一旦获得了他人的认可，你就会感到幸福、快乐。但是，如果你陷入这种无法摆脱的虚荣之中，那么，一旦没有得到它，你就会感到身价暴跌。这时候，自暴自弃的因素就会潜入。同样，一旦征求他人的同意成了你的一种“必需”，那么，你就把自己的一大部分交给了“外人”。在爱慕虚荣心理的驱使下，为得到他人的认可，“外人”的任何主张你都必须听从，甚至在很小的事情上。如果“外人们”不同意你的做法，你就不敢轻举妄动。在这种情况下，虚荣心使得你选择的是让他人去实现你的尊严或留给你面子。只有当他们给予你表扬时，你才会感觉良好。

这种征得他人同意的虚荣心极其有害，而且，真正的麻烦会随着事事必须请示他人而来。如果你真存有这样一种虚荣心，那么，你的人生就注定会有许多痛苦和挫折。而且，你会感到自我形象是软弱无能的，是没有社会地位的。

如果你想获得个人的幸福，你必须将这种祈求他人认可的虚荣心从你的生命中根除掉。

不去祈求别人的认同可以给你带来很多显而易见的好处。当你过分关注别人对你的感受时，就会想尽一切办法来得到别人的赞赏，因为它关系到我们是否对自己满意。然而，如果你抛开别人的认同而只注重自己的感觉的话，你会发现自己已经不再那么轻易地发怒了，也不会感到孤立，不会千方百计、绞尽脑汁地去迎合别人的喜好，更不会显得窝囊没出息了。

3. 晕轮效应：成全你的好胜心

所谓晕轮效应，是指我们在评价他人的时候，常喜欢从其某一点特征出发来得出或好或坏的全部印象，就像光环一样，从一个中心点逐渐向外扩散成为一个越来越大的圆圈，因此有时也称光环效应。

俄国著名的大文豪普希金曾因晕轮效应的作用吃了大苦头。他狂热地爱上了被称为“莫斯科第一美人”的娜坦丽，并且和她结了婚。娜坦丽美貌惊人，但与普希金志不同道不合。当普希金每次把写好的诗读给她听时，她总是捂着耳朵说：“不要听！不要听！”相反，她总是要普希金陪她游乐，出席一些豪华的晚会、舞会，普希金为此丢下创作，弄得债台高筑，最后还为她决斗而死，使一颗文学巨星过早地陨落。在普希金看来，一个漂亮的女人也必然有非凡的智慧和高贵的品格，然而事实并非如此，这种现象被称为“晕轮效应”。

所谓晕轮效应，就是在人际交往中，人身上表现出的某一方面的特征，掩盖了其他特征，从而造成人际认知的障碍。在日常生活中，“晕轮效应”往往在悄悄地影响着我们对别人的认知和评价。比如有的老年人对青年人的个别缺点，或衣着打扮、生活习惯看不顺眼，就认为他们一定没出息；有的青年人由于倾慕朋友的某一可爱之处，就会把他看得处处可爱，真所谓“一俊遮百丑”。晕轮效应是一种以偏赅全的主观心理臆测，其错误在于：第一，它容易抓住事物的个别特征，习惯以个别推及一般，就像盲人摸象一样，以点代面；第二，它把并无内在联系的一些个性或外貌特征联系在一起，断言有这种特征必然会有另一种特征；第三，它说好就全都肯定，说坏就全部否定，这是一种受主观偏见支配的绝对化倾向。总之，晕轮效应是人际交往中对人的心理影响很大的认知障碍，我们在交往中要尽量地避免和克服晕轮效应的副作用。

成全别人的好胜心，会让别人更加喜欢你，获得良好的人际关系。这点“心机”是很容易实现的，只要偶尔暴露一些无关紧要的小毛病就行了。

学生对一位新来的老师感到有些好奇和畏惧。因此，这位老师故意在课堂上说：“我的字写得不好看，板书更差，小学时我的书法都不及格，因此我特别害怕在黑板上写字。”以此博得学生一笑，为的是很快缩短师生之间的距离。有时，他也会说：“如何，我的领带漂亮吗?”学生就会暗暗在心里想：“这老师真有趣，净注意些小事，可见老师也是凡人。”学生的心情一下子放松了，便产生了亲切感，此后这位老师的教学也变得很顺利。

同样地，在人前演讲，在麦克风前打喷嚏，站不稳，故意表演些小失误，就能缓和原来紧张的气氛，听众们对有头衔的大教授都有戒备心，但是看到小的失误后，心里便会想：“同样都是人，难免做出些不雅的事。”于是一种亲切感就自然产生了。

与有自卑心理和戒备心的人初次见面时的会谈是很困难的，尤其在社会地位有差距时，对方在居下的位置上心中会有胆怯感。此时对方心理上自然筑起一堵防御墙，首先让对方树立“自己不比别人差”的观念，这一点很重要。

华盛顿特区有一位名演员，他是出名的花花公子，一位曾经被他追求过的女性回忆说：“若是他触动了我的‘母性’本能，我就凡心大动。他往往会说‘我真笨，连衬衫都穿不好’。”这位男演员就是利用母性本能，博得女人欢心的。

人人都有自尊心，人人都有好胜心，若要联络感情，应处处重视对方的自尊心，因为要重视对方的自尊心，必须隐藏你自己的好胜心，成全对方的好胜心，这样表面上对方胜利了，实际上却是你胜了。

比如对方与你有相同性质的某种特长，对方与你比赛，你必须让他一步，即使对方的技术敌不过你，你也得让对方获得胜利。但是一味退让，便表现不出你的真实本领，也许会使对方误认你的技术不太高明，反而引起无足轻重的心理。

所以你与他比赛的时候，应该施展你的相当本领，先造成一个均势之局，使对方知道你不是一个弱者，进一步再施小技，把他逼得很紧，使他神情紧张，才知道你是个能手，再一步，故意留个破绽，让他突围而出，从劣势转为均势，从均势转为优势，结果把最后的胜利让予对方。对方得到这个胜利，不但费过许多心力而且危而复安，精神一定十分愉快，对你也有敬佩之心。

不过安排破绽，必须十分自然，千万不要让对方明白这是你故意使他胜利，否则便觉得你虚伪。所面临的难题，是起初你还能以理智自持，比赛到后来，感情一时冲动，好胜心勃发，不肯再作让步，也是常有的事。或者在有意无意之间，无论在神情上，语气上，还是举止上，不免流露出故意让步的意思，那就白费“心机”了。

生活中常常有些人，无理争三分，得理不让人，小肚鸡肠。相反，有些人真理在握，不吭不响，得理也让人三分，显得绰约柔顺，有君子风度。前者，往往是生活中的不安定因素，后者则具有一种天然的向心力；一个活得唧唧喳喳，一个活得自然潇洒。有理，没理，饶人不饶人，一般都是在是非场上、论辩之中。假如是重大的或重要的是非问题，自然应当不失掉原则地论个青红皂白甚至为追求真理而献身。但日常生活中，也包括工作中，往往为一些非原则问题、鸡毛蒜皮的问题争得不亦乐乎，以至于非得决一雌雄才算罢休。越是这样的人越对甘拜下风的人瞧不顺眼。

时下里流行一句话：“玩深沉。”就是讲究隐藏与“心机”。其实这种场合玩点深沉正显示了大度绰约的风姿。争强好胜者未必掌握真理，而谦下的人，原本就把出人头地看得很淡，更不消说一点小是小非的争论，根本不值得称雄。你若是有理，却表现得谦逊，往往能显示出一个人的胸襟之坦荡、修养之深厚。

4. 用激将法赶鸭子上架

激将法求人是一种高超技巧。使用激将法满足了对方的虚荣心，往往能够使他感情冲动，从而去做一些他在平常情况下可能不会做的事情。

世界上的人，形形色色什么样的都有。有的人，你夸他他不乐，唬他他不信，这个时候，就要用话适当地激一激了。自尊心、荣誉心人人都有，你把舌头绕个弯，用言语来刺激他的自尊心，巧妙地将他一军，使其情绪失控，然后使他在无意识中受到你的操纵，去干你想让他干的事。这样，你就等于牵住了牛鼻子，想让他往哪走，只要轻轻一拉就行了。

激将的第一种方法是吹捧对方，极大地满足对方的虚荣心，当对方飘飘然时，再突然提出自己的要求，并使对方感到你在怀疑他的权威的弦外之音，一旦感到权威受到了挑战，他就会尽全力证明给你看。如果不去办你所求的事，就会有损自己的自尊心和形象，这时他只有硬着头皮为你办事。为此你必须注意以下两点：

第一，如果你在言语中，把对方美化成道德上的“完人”，让对方没有退路，只有上“架子”才能成为“完人。”

第二，给对方戴上高帽子，把对方标榜为能力上的“超人”，那么这只“鸭子”，就没有从架子上退下来的理由了。

激将法的第二种方法就是藐视对方的能力，使其自尊心受损，自动上“架子”。

唐天祐年间，叛臣朱全忠用计诱骗五路兵马反对驻守太原的唐晋王李克用。叛军中有一猛将高思继异常勇猛，且善用飞刀，百步取人首级。后来被晋王李克用的十三太保李存孝生擒。李克用本意留他在帐前听用，可高思继却执意要回山东老家过“苦身三顷地，付手一张犁”的田园生活。后来李存孝被奸臣康立君、李存信所害。朱全忠闻李存孝已死，又发兵来犯，帐前王彦章不仅勇猛盖世，且智谋过人，晋王将士闻风丧胆，畏敌如虎。晋王问何人愿意出战，众多王子、许多壮士皆哑然相对，无人请战。晋王见状，痛哭一场。还是长子李嗣源说道：“昔日降将高思继闲居山东，何不请他迎敌。”晋王闻言大喜，遂命李嗣源前往山东求将。

李嗣源来到山东郓州农村，直奔高家庄寻高思继。提起前事，高思继说道：“自勇南公存孝擒我，饶了性命，回到老家，‘苦身三顷地’与世无争，今已数年，早把兵家争战之事置之身外。今日相见，别谈这些。”李嗣源见高思继已无出山之意，心想，自古道，“文官言之，武将激之”。对高将军好言相求，难以收效，必须巧用激将之法，激其就范。于是，他就编出一通谎言，说道：“天下王侯，各镇诸侯，皆闻将军之名，如雷贯耳，称羡不已。我与王彦章交兵被他赶下阵来，我对王彦章说，‘今来赶我，不足为奇。你如是好汉，且暂时停战，我知道山东浑铁枪白马高思继，盖世英杰，有万夫不当之勇，待我请来，与你对敌’。王彦章见我阵前夸耀将军，愤然大叫，‘就此停战，待你去请他来，不来便罢，若到我这宝鸡山来，看我不把他剁成肉酱……’”高思继闻此一说，不禁激得心头起火，口中生烟，大叫家丁：“快备白龙马来，待我去生擒此贼!”遂披挂上马，辞家出山，往宝鸡山飞驰而去。

高思继和李嗣源快马加鞭，日夜兼程，赶到唐营，不但晋王喜出望外，三军将士亦是异常振奋。第二天，王彦章又来挑战。晋王引高思继出马迎战，高思继与王彦章厮杀起来，连斗三百回合，难分胜负，直战到天黑，双方见天色已晚，才鸣金收兵。这次战个平手，但却是唐营将士出师以来的第一次，军威大振，信心大增，个个摩拳擦掌，准备来日再战。

高思继本来已经看破沙场红尘，决心弃武从耕，安度田园生活。李家虽对他有再生之恩，但正面动员他出山，重返军旅时，他却以自己“与世无争”加以拒绝。然而，当李嗣源用激将法“赶鸭子上架”，他的自尊心受损，则毅然披挂上马，重返战场，一斗就是三百回合。可见，激将法也是一种会算计之人办事求成的谋略。

5. 敬酒不吃，来点“罚酒”

交际中人们总是喜欢好言相加，但效果却很一般，做事会算计的人懂得运用“逼人就范”之计，即对方怕什么，就专门给他来什么。抓住对方的心理弱点，攻其一点，不计其余。

战国时，齐国人张丑被送到燕国做人质，不久，齐、燕两国关系紧张，燕国人想把张丑杀掉。

张丑得了消息，立即寻机逃走，尚未逃出边境，又被燕国一官吏抓住。

张丑见硬拼不行，便对官吏说：“你知道燕王为什么要杀我吗？”

“不知道！”

“因为有人向燕王告了密，说我有许多财宝，但我并没有什么金银财宝，燕王偏偏不信我。”张丑说到这里，见官吏糊里糊涂，接着又说：“我被你捉到了，你会有什么好处呢？”

“燕王悬赏一百两银子捉你，这就是我的好处。”

“你肯定拿不到银子！如果你把我交给燕王，我肯定会对燕王说，是你独吞了我所有的财宝。燕王听到后一定会暴跳如雷，到时候你就等着陪我死吧！”张丑边说边笑。

官吏听到这里，越发心慌，越想越害怕，最后只好把张丑放了。

这个官吏就是那种敬酒不吃的人，张丑好言好语恳求他放自己一马，但却没有取得效果，因此，张丑干脆抓住官吏的心理弱点，然后一击而中。

美国第六任总统亚当斯也被一名女记者用这样的方式算计了一把。亚当斯不是一个轻易表露自己观点的人，他越这样，越引起记者挖掘他想法的好奇心。其中有位叫安妮·罗亚尔的女记者也一直很想了解总统关于银行问题的看法，可屡次采访也没有结果。

后来她了解到总统有个习惯，喜欢在黎明前一两个小时起床，散步、骑马或去河边裸泳。于是她心生一计。

一天，她尾随总统来到河边，先藏身树后，待亚当斯下水以后便坐在他的衣服上喊道："游过来，总统。"

亚当斯满脸通红，吃惊地问道："你要干什么？"

"我是一名女记者，"她回答道，"几个月来我一直想见到你，就国家银行的问题采访一下。我多次到白宫，他们不让我进，于是我观察你的行踪，今天早上悄悄尾随你从白宫来到这里。现在我正坐在你的衣服上。你不让我采访就别想得到它，是回答我的问题还是在水里待一辈子，随便。"

亚当斯本想骗走女记者："让我上岸穿好衣服，我保证接受你采访。请到树丛后面去，等我穿衣服。"

"不，绝对不行，"罗亚尔急促地说，"你若上岸来抱衣服，我就要喊了，那边有三个钓鱼的。"

最后，亚当斯无可奈何地待在水里回答了她的问题。

可见，无论是谁，都有自己的弱点，而这种弱点，往往成为对方的切入点。与其拿着别人的弱点两揉三揉，倒不如直接给它来一刀痛快。

6. 交友中的过敏陷阱和黑箱陷阱

余秋雨曾提出关于友情的两个心理陷阱：过敏陷阱和黑箱陷阱。

大凡朋友，彼此间或能引起共鸣，或有着相似的脾性、个性爱好、品性等。“在家靠父母，出门靠朋友”，奉行这种价值取向的人多善于广交朋友，却于不知不觉间使得友情错位。无所求的朋友，才是真正的朋友。“真正的友情不依靠什么。不依靠事业、祸福和身份，不依靠经历、地位和处境，它在本性上拒绝功利、拒绝归属、拒绝契约，它是独立人格之间的互相呼应和确认。它使人们独而不孤，互相解读自己存在的意义。因此所谓朋友，也只不过是互相使对方活得更加温暖、更加自在的那些人。”

友情弥足珍贵，分不清友情属性、看不透友情真谛的人们，为了防止脆弱的友情破裂，采取了多种防范手段，有帮派式的捆扎友情，有“君子之交淡如水”智者无奈式的淡化友情，有广种薄收式的粘贴友情。强者捆扎友情，智者淡化友情，俗者粘贴友情，都是为了防止友情的破碎。单纯靠这些技术手段防范的结果，却明显显得徒劳。我们不止一次伤心地看到两个多次劝解别人的智者、两个都是灵魂高尚者之间的友情破灭，彼此却拿着谴责道德的双刃剑残忍地刺向对方。这种伤害是致命的，越是亲密者，其杀伤力越大，以至于可能瞬间将对方置于濒临崩溃的死地。同样的事例，可以举出千千万万。

是什么原因导致我们不愿意看到的结果出现？这就是余秋雨提出的

关于友情的两个心理陷阱：过敏陷阱和黑箱陷阱。

过敏陷阱由互相熟知产生。彼此太熟悉了，甚至把对方当做了自己，忘记了换位思考，只是顺着自己的思路进行推测和预期。结果，产生了小小的差异就十分敏感，就像眼睛里落进了沙子，他把朋友当成了自己，也因此对朋友的要求比对一般人要苛刻得多得多。“本有差异却没有差异准备，都把差异当做了背叛，大夸其词地要求对方纠正。这是一种双方的委屈，友情的回忆又使这种委屈增加了重量。负荷着这样的重量不可能再来纠正自己，双方都怒气冲天地走上了不归路。”高贵的灵魂吞咽着说不出口的细小原因在陷阱里挣扎。

黑箱陷阱由互相信任产生。“理解万岁”在这里受到了曲解，朋友间的信任被绝对化，在自己解说的理念中，出于善意，我们做着一件件被朋友曲解的事。而对方即使有不解之处也不便疑问，不理解还算什么朋友？“但是，当误会终于无可避免地产生时，原先的不明不白全都成了疑点，这对被疑的一方而言，无疑是冤案加身，申诉无门，他的表现一定异常，异常的表现只能引起更大的怀疑，互相的友情立即变得难于收拾。直至此时，信任的惯性还使双方撕不下脸来公然道破，仍然在昏暗之中传递着昏暗，气愤之中叠加着气愤。这就形成了一个恐怖的心理暗箱，友情的缆索在里边缠绕，打下一个个死结，形成一个个短路，灾难性的后果在所难免。”

交朋友你一定要擦亮自己的眼睛，认清谁是你真正的朋友，要小心被那些有不良用心的“朋友”拉下水，等到醒悟明白过来已是不可挽回了。

在现实生活中，任何人都要和他人进行各种各样的交往，在交往中就不可避免地会有亲疏远近之分。来往比较频繁，相互感情比一般人亲近，互相帮助较多的人就有可能发展为朋友关系。人人都希望能够交上知心朋友，知心是重要的，你知道我的思想，我知道你的想法，互相关心、互相帮助、共同进步，这是知心朋友带给我们的健康生活。但是，所谓的知心朋友，还必须是善良、坦荡、无私的，如果所结交之人品行不端，即使他对你再好也是不可交往的。

随着市场经济的不断发展，人们在各方面的交往也变得十分频繁、深入和复杂。

有的人为了达到不可告人的目的，必须借助他人的违法行为来进行。或拉人下水，或逼迫他人就范，为自己的非法目的服务的最好的幌子就是“交朋友”。曾经就发生过这样一件真实的事情：我国某工业自动化研究所研制出一项新成果，在国际上处于领先地位，并能创造出巨大的经济效益。这一信息被某国一家大公司得知，他们迫切希望得到这项技术从而获得巨额的利益，于是派出一名工业间谍皮某到该研究所盗取资料。皮某利用合法的身份作掩护，绞尽脑汁寻找机会。经过一番观察和斟酌思量，最后他把切入点放到该研究所的助理研究员韩刚身上，并通过多方策划安排，亲自参加了韩刚的研制工作。

韩刚是刚参加工作几年的研究生，年轻干练，好结交朋友。皮某先是通过他人引见认识了韩刚，然后又通过请韩刚吃饭娱乐、赠送礼品等手段同其拉近距离，取得了韩刚的好感。一段时间以后，二人经常在一起出入酒吧、高级舞厅，当然一切花费都由皮某承担。后来二人成为非常要好的朋友，韩刚对皮某无话不谈，他抱怨自己工作十分辛苦，贡献很大，待遇却很低，参加工作都好几年了，所里竟然连一套住房都没有分给他，心里觉得很不平衡，他觉得自己在这个地方没什么大发展，所以很想离开研究所。皮某终于看到了机会，于是马上添油加醋地说，在外国像你这样的研究人员早已经是房子、车子、票子样样齐全了，然后又介绍外国的生活条件多么优厚，并表示愿意全心全意帮助他摆脱困境。韩刚十分高兴，马上恳求皮某尽快帮忙。皮某见韩刚已经上钩，便旁敲侧击地提出条件，只要韩刚把一项科研成果的资料弄到手，就可以安排他出国。

韩刚一听，发热的大脑马上清醒了几分，他很清楚这意味着什么，泄露国家机密可是严重的犯罪行为。于是他否定了皮某的条件，皮某并不甘心退却，一再地吹风说在中国埋没了多少人才，又有多少人出国发达了起来。最终韩刚还是没经受住皮某的利诱，横下决心盗窃科研资料。一天晚上，韩刚寻到机会，用皮某交给他的摄像机偷拍了资料交给了皮某。就在皮某和韩刚为此举杯庆祝时，一张大网正在向他们罩下来。三个月后，韩刚被某市中级人民法院依法判处有期徒刑五年。直到这时，身陷牢狱的韩刚才意识到这位朋友的真正用意，可是，等到他醒悟时已经太晚了。

人人都希望结交好朋友，但这个美好的愿望，需要你在结交朋友时冷静观察，切不可粗心大意，这不是对朋友的不信任，相反是对自己负责的行为。否则，你可能会因为一时不慎结交了坏朋友而造成终身遗憾。

心理陷阱是易被忽略的，很多变情为仇、变友为敌大都发生在大好人之间，实在令人悲叹。不能老在基本品质上找原因，其中一个关键在于，一些错乱的心理程序造成了心理陷阱。研究心理陷阱有利于我们更好地躲避心理陷阱，心灵的扭曲被心灵曲直，高贵的灵魂将不再继续痛苦地在陷阱里挣扎。

7. 距离效应：以“巧拉家常”为幌子

巧拉家常，主要是利用人性的弱点，用浓厚的人情味拉近人们心理上和感情上的距离。古人云：用人之道，攻心为上，攻城为下。同样，交往之道也是攻心为上。

巧拉家常便是一种高明的攻心术，使对方在情感上与你产生强烈的共鸣，不知不觉成为你的俘虏，从陌生到熟悉，化对立为调和，恰似山穷水尽疑无路，柳暗花明又一村。

1952年，尼克松参加了艾森豪威尔总统的竞选班子。就在这时，有人揭发：加利福尼亚的某些富商以私人捐款的方式暗中资助尼克松，而尼克松将那笔钱作为参议员所得收入。

尼克松据理反驳，说那笔钱是用来支付政治活动开支的，绝没有据为己有。但是，艾森豪威尔坚决要求他的竞选伙伴必须“像猎狗的牙齿一样清白”。他准备把尼克松从候选人名单中除去。

这样，那一年10月的一天晚上，10点30分，全国所有的电视台、电台将各自的镜头、话筒对准了尼克松——他不得不通过电视讲话解释这些捐款的来龙去脉，为自己的清白而作辩护。

尼克松在讲话中并未单刀直入地为自己辩解，以洗清丑闻给他蒙上的灰尘，而是多次提到他的出身如何低微，如何凭借自己的一股勇气、自我克制和勤奋工作才得以逐步上升的。这合乎美国那种竞争面前人人平等的国情，博取了观众和听众的同情。

说着说着，他话题一转，似乎是顺便提起了一件有趣的往事，他说道："我在被提名为候选人后，的确有人给我送来一件礼物。那是在我们一家人动身去参加竞选活动的那一天，有人说寄给了我家一个包裹。我前去领取，你们猜会是什么东西?"

尼克松故意打住，以提高听众的兴趣。

"打开包裹一看，是一个柳条箱，里面装着一条西班牙长耳朵小狗儿，全身有黑白相间的斑点，十分可爱。我那六岁的女儿特莉西亚喜欢极了，就给它起了一个名字，叫'棋盘'。大家都知道，小孩子们都是喜欢狗的。所以，不管人家怎么说，我打算把狗留下来……"

这就是历史上有名的尼克松的"棋盘演说"。

事后，美国的一份娱乐杂志马上把这篇"棋盘演说"嘲讽为花言巧语的产物。好莱坞制片人达里尔·扎纳克则说："这是我从未见过的最为惊人的表演。"

尼克松当时还以为自己失败了，为此还流过不少眼泪。可最后事态的发展完全出乎大家的意料，成千上万封赞扬他的电报涌进了共和党全国总部，他因为表现出色而最终被留在了候选人的名单上。

日本前首相田中角荣也非常擅长巧拉家常术。

1971 年 3 月 14 日，田中角荣在日本电视台对全国观众说：

"前些时候，我那 80 岁的老母亲还对我说'小鬼，再努力地奋斗下去！像你这么小小的成就还早得很呢，可不要妄自尊大哦'！"

田中角荣的这番话可解释为：一直到现在，我在事业上有了成就，但仍忘不了过去被母亲批评时母亲那谆谆的教诲，并且，母亲的音容笑貌和对她的缅怀一刻也没有离开过自己的脑海。

田中角荣在另一次讲话时又说：

"我离家的时候，母亲送给我一卷纸币和松叶，我便把它们当成自己的护身符，片刻也不离身。因为万一求取功名的梦幻破灭而黯然返乡时，仍然可以重返到母亲温暖的怀抱中去。因为，我思念故乡，家里的老母亲正在盼望自己的孩儿回家。"

田中角荣这种拉家常式的怀念老母亲的扮相，在有些人的眼里或许被视为故作感情脆弱，而且十分肉麻。但是，无可争辩的是，正是他的这种"扮相"感动了民众。日本绝大多数民众将田中角荣看做是一个

“充满人情味、禀性善良的好人”的偶像。

因此，他在选民中的支持率急剧上升。在广大民众的热情拥护下，田中角荣在职期间也取得了不俗的政绩。

作为公众人物，难免会遇到一些常人难以想象的困难，但尼克松和田中角荣的成功应该能够给我们一些启示。假如你在生活中遇到一些充满“敌意”的人，为何不尝试一下“巧拉家常”？彼此之间沟通一下感情，虽然不敢肯定他一定会对你产生好感，但至少也会觉得你没有他想象中的那么“可恶”。

8. 危言耸听，玩你于股掌之间

人性天生是懦弱的。在说服中，对方会用招惊你心魄，你必然权衡利弊。在人际交往需要说服对方时，人们常常会发挥“恐”的威力。

危言耸听，顾名思义就是故意把问题说得十分严重，将后果描绘得非常可怕，使闻者惊心动魄、翻然悔悟的说服技巧。因为，在某些特定的时候，对特定的人，对方必须夸大事实才能对你造成强烈的震撼，你才能听从他的建议。

楚国大夫申无宇的守门奴仆因偷酒被发觉而畏罪潜逃，为了逃避申无宇的追捕，他投靠楚王一跃成为细腰宫守卒。因为楚国的法律明文规定：任何人都不准到楚王宫里抓人。那名奴仆自以为有了尚方宝剑，整日嚣张狂妄。可是，没想到申无宇却在楚王不知道的情况下径直到宫里把那个奴仆捉了回来。

楚灵王知道了之后非常气愤，命令申无宇把那个奴仆放出来。

申无宇说：“天上有十个太阳，人分十个等级，上层统治下层，下层侍奉上层，上下互相维系，国家才能安定太平。如今臣下的守门奴仆畏罪潜逃，借王宫之地庇护犯罪之身。如果让他真的得到庇护，那么其他奴仆便会互相效法，盗贼公行，谁还能禁止得了！长此以往，社会不安，大王江山不保啊！所以，臣下才不敢遵奉王命。”

楚灵王细细琢磨了一番，觉得很有道理，便下令处决那个奴仆。

第二次世界大战之初，德国于 1941 年制订的建造几十艘潜水艇的计划很快要成为现实，需要有几千名德国青年来操纵这些出色的新式秘密武器。

正当许多青年把当潜水兵作为一种崇高的职业，争相报名参加杜尼兹海军上将的潜水艇部队时，许多地方出现了一种精心设计的传单：潜水艇被画成一个“钢铁棺材”，并写上这样的文字：“当潜水兵极其危险，寿命短，长时期同外界隔绝……”

同时，英国人在无线电广播中，开办针对德国人的节目，告诉德国人如何假装患某种疾病，可以避免当潜水员。

原来，这是英国海军部一个代号为 OP－16－W 的秘密部门针对德国人很容易受到心理攻击的特点，运用心理学知识对德国进行的一次“心理战”。这样一来，许多青年对当潜水兵产生了恐惧心理，放弃了报名。

由此可见，危言耸听，让你在心理上受到强烈的震撼，对方的说服就会有效果。申无宇直陈楚王这种行为会使法令不行，社会不安，从而江山难保，最终使楚王处决了奴仆，同样，聪明的英国人将潜水艇描绘成可怕的钢铁棺材，还会有谁愿去白白送命呢？

所以，假如你固执己见，盲目自信，志得意满的话，对方要想使你改变主张，收回成见，转向他所设置的既定目标，就会充分阐述你原有想法或做法的危害，使你猛然警醒，从而服从于他。

9. 不要让不良心理恶化你的人际关系

研究表明，那些具有良好人际关系的人一般具有坦诚、乐观、幽默、有活力、聪明、有个性、独立性强、能为他人着想等个性心理特点，而那些不太受人欢迎的人具有以下心理特点：自私、自负、虚伪、自卑、斤斤计较、猜疑、依赖、羞怯、固执、没有个性等。

人际交往是人类的基本需求之一，是人们社会生活的重要内容之一。各种不同层次需求的满足、自我的发展、心理的调适、信息的沟通、人际关系的协调等，都离不开人际交往。

可是，在实际的交往过程中，不会人人如愿，总是或多或少地存在着一些不尽如人意之处。大家不妨对照一下自己，扬长避短，利于建立良好的人际关系。

(1) 自傲心理

自傲的人喜欢过高地估计自己，只关心自己的需要，强调自己的感受。他们在交往中通常表现为妄自尊大、自吹自擂、盛气凌人，高兴时手舞足蹈、滔滔不绝，不高兴时会不分场合地乱发脾气，丝毫不考虑他人的感受，而且不愿和自认为不如自己的人交往。他们还容易过高估计自己和他人的亲密程度，有时候对人过于亲昵，说些不该说的话，引起他人的反感。另外，有意思的是，自傲的人一旦遭受挫折，往往会变成自卑者。

自傲的根源是错误的自我评价。当然，与其成长环境也密切相关。

（2）自卑心理

自卑的人通常对自己的知识、能力、才华等做出过低的估价，进而否定自我。在人际交往中，自卑的人很想得到别人的肯定，又怕别人的轻视和拒绝，常常很敏感地把别人的不快归咎为自己的错误；自卑的人过于自尊，为了保护脆弱的尊严而表现得非常强硬，难以让人接近。

自卑心理源于一种消极的自我心理暗示，确信“自己不如他人”，和本人的智力、受教育程度、所处的社会地位等因素通常是无关的。

（3）猜疑心理

猜疑心理是一种由主观推测而对他人产生不信任感的复杂情绪体验。猜疑心重的人往往整天疑心重重、无中生有，每每看到别人议论什么，就认为人家是在讲自己的坏话。猜忌成癖的人，往往捕风捉影，节外生枝，说三道四，挑起事端，其结果只能是自寻烦恼，害人害己。猜疑心理是人际关系的蛀虫，既损害正常的人际交往，又影响个人的身心健康。

猜疑心理的产生原因主要有四方面：①错误的思维定式。喜欢猜疑的人，总是以某一假想目标为起点，以自己的一套思维方式，依据自己的认识和理解程度进行循环思考。这种思考从假想目标开始，又回到假想目标上来，如蚕吐丝做茧，把自己包在里面，死死束缚住。②相互间缺乏信任。一个人对别人越缺乏信任，产生猜疑心理的可能性也就越大。③不良的心理品质。猜疑心理重的人通常也是狭隘自私、自尊心过强、嫉妒心强烈的人。④受流言飞语的影响。听信谣言，也会产生猜疑心理。

（4）孤僻心理

孤僻心理是因缺乏与人的交流而产生的孤单、寂寞的情绪体验。心理上的孤僻并不等于一个人独处。孤僻的人不管是置身于人群，还是独居一室，都同样的孤僻和冷漠。孤僻会使人产生挫折感、狂躁感，令人心灰意冷，严重的还会厌世轻生。

孤僻心理的产生原因有三：①青年期的心理特点，使孤僻心理在青年人中比较多见。青年人正处在生命发展过程中的准成熟状态，世界观和人生观刚开始建立，自认为已经长大成人，常常委屈地感到自己不被理解，有一种莫名其妙的孤独感。②缺乏事业心。一个有强烈事业心的人，一般不会孤僻。③性格特点。内向型性格的人容易孤僻，因为他们的自我中心观念比较强，内心深处有比较强烈的抗拒感，往往对外界事物和周围人群表现得很淡漠，喜欢把自己封闭在一个狭小的天地里。

（5）嫉妒心理

所谓嫉妒，一般是指个人在意识到自己对某种利益的（潜在）占有受到（潜在）威胁时产生的一种情绪体验。嫉妒其实是人类的一种普遍情绪，关键在于你怎样处理。轻微的嫉妒使人意识到一种压力，产生一种向他人学习并超越的动力，促使人去拼搏、奋进。我们应该将嫉妒的消极心理转化为竞争的积极心理，以自己之优势胜过对方之劣势。但是，如果面对嫉妒导致焦虑和敌意，觉得别人使自己难堪，由此而产生痛苦，甚至向他人发出攻击性的言行，就会成为个人成长和人际交往中的障碍，严重者还会导致人间悲剧。

产生嫉妒心理的原因有二：①自己的需要得不到满足时容易产生嫉妒。②在与他人比较来确定自身价值的过程中也容易产生嫉妒。如果别人的价值比重增加，就会觉得自己的价值在下降，从而就会产生一种非常痛苦的情绪体验。尤其是比较对象和自己不分上下或不如自己时，这种情绪很容易转化为对别人的不满或嫉恨。在行为上表现出从对立的立场上寻找对方的不足，或认为对方之所以成功只是由于外部原因，通过诋毁对方达到自我心理上的暂时平衡。即使是控制自己不表现出上述行为，但是原来轻松的、无拘无束的交往气氛也会变得紧张起来。因嫉妒引起的人际关系疏远、紧张乃至冲突的事例很多很多。

（6）羞怯心理

羞怯既指害羞，也指胆怯。几乎所有的人都有过某种程度的羞涩和胆怯，不过有些人表现得特别严重。羞怯心理较重的人在人际交往中表现为：话未开口脸先红、话语低沉心发跳，遇到困难，宁可憋在肚子里，也不好意思向他人请教。羞怯心理会影响人的正常交往，不利于发挥自己的聪明才智和适应社会环境。

除了上述几种不良心理之外，下面的一些不良心理对交往也是很不利的，应当注意克服：

（1）逆反心理

有些人喜欢标新立异，总爱与别人抬杠。不管什么事情，不管对与错，别人说好他偏说坏，别人说一他偏说二。逆反心理容易使人产生反感和厌恶。

（2）固执心理

任何事物都是不断变化的，因此人类已有的知识、经验以及思维方式等必须不断地更新，否则就会失去活力。固执心理就犯了僵化不前的错误。固执的人抱残守缺、拒绝变化，只在自我封闭的狭小空间内兜圈子，即使道理已经很明了，他也拒绝承认错误。这样会有几个人愿意与之交往呢？

（3）作秀心理

有的人朝秦暮楚、见异思迁，把交朋友当做是逢场作戏，且喜欢吹牛。这种人常常得不到真正的友谊和朋友。

（4）利用心理

很多人抱着“利用”的目的与人交往，因而通常只结交对自己有用、能给自己带来好处的人，而且难免“兔死狗烹”、“过河拆桥”。有这种心理的人不会有真诚的朋友，利用别人的同时也会沦为他人的工具。他们的人际关系往往表面良好，一旦有难，便土崩瓦解。

（5）干涉心理

人人都需要一个自我心理空间，即使夫妻之间不也希望有一点自己的隐私吗？朋友之间更是如此。关系再好，也会有一个封闭的心理角落。可有的人，偏喜欢打听、传播他人的私事，还一相情愿地“帮助”人家，实在是低俗和招人嫌的心理和举动。

（6）仇视心理

有些人总是以仇视的目光对待他人，对不如自己的人以不宽容表示仇视，对胜过自己的人以嫉妒表示仇视，对和自己不相上下的人以中伤表示仇视……仇视心理使周围的人没有安全感，自然不愿意与之交往。仇视心理往往来自童年的不幸遭遇。

第六章 商战中的心理学陷阱

世间经商的人成千上万，为什么有人总是顺风顺水，能够赚得盆满钵满，而有人却处处碰壁，甚至血本无归？其中的奥秘就在于成功的商人能够洞察顾客的行为，发掘经营决策的心理规则；能够透视对手的心理，揭示纵横商场的心理秘诀。本章的心理探索之旅，给您展示经商中经常遇到的心理陷阱，为您揭示经商心理学的真正秘密，让您在商海中自由驰骋！

1. 暗示效应："伪造"心理上的幻觉

"假痴不癫"之计，用于商业经营之中常常是经营者为了掩盖自己的企图，常以假痴来迷惑众人，给众人一种心理上的暗示，使对方产生虚幻的错觉。宁可有为示无为，聪明装糊涂，不可无为示有为，糊涂充聪明。

心理学上的所谓"暗示效应"，即是用含蓄的、间接的方式对别人的心理和行为施加影响，从而使被暗示者不自觉地按照暗示者的意愿行动。

制造这种心理陷阱的方式具体表现在以下两方面：

(1) 能而示之不能，迫使对手让步

这是假痴不癫在商务谈判中经常采用之计。例如有一个人想以2万美元的价格卖一辆汽车，他向买主们发出信息。许多人前来看货，其中一位愿以1.85万美元的价格购买，并可预付300美元定金，卖主接受了。于是他不再考虑其他买主，可一连等了数天后，买主才来，很遗憾地说明，由于家人的不同意，实在无法买车。同时他还提到他已经调查和比较过一般车价，这辆车实际价值只值1.4万美元，何况……卖主当然非常生气，因为他已拒绝其他买主，接着他开始怀疑自己，也许市面上价格确如对方所说。此时他不愿再和其他买主接触，最后一定会以少于1.85万美元的价格成交。表面看来这个买主很痴，他不能最后决定价格。而这正是以能而示之不能换取同情的手段。他用假出价消除了同行的竞争，取得了购买权，之后才正式讨价还价。

对付此种心理陷阱的办法是：①要求对方预付大笔的定金，使他不能轻易反悔。②先提出截止日期，逾期不候。③查询买主历史和为人，警惕有前科者。④对于条件过于优厚的待遇，要警惕。⑤交易正式完成前，不要丢掉其他买主的名字、地址。

（2）知而示之不知，诱使对方上当

如我国某钢铁公司厂址选择出现的地基问题，一开始国外有关企业和公司事先是知道的，但他们假作痴呆，不提醒我们注意。因为选址的失误决定他们有关策略的成功。为了坚固地基，我们只好买人家积压待销的钢材，一根一根往沙窝里打。对这些外国商人假痴不癫的把戏，必须引起足够认识。

行假痴不癫之术者首先会设法伪装自己的真实意图，以假象掩盖真相，以形式掩盖内容，使你形成虚幻的错觉。

2. 以小充大，让你迷失方向

利用“以小充大”这种“打肿脸充胖子”的手法有一个重要的作用，就是能够“疲敌误敌”，在心理上给对方施压，使强大的对手迷失方向，忘却关键，糊里糊涂中被你牵着鼻子走。

例如1936年，四川发生旱灾，粮食紧张。各大粮商趁机囤积居奇，重庆粮价顿时一涨冲天。当时汉口粮价依旧平稳，但由汉口运粮至重庆出售，不但难于获利，弄得不好还会亏掉血本。“面粉大王”鲜伯良经营的重庆面粉公司因晚走一步，无法买进常价原料，眼看着要断送一年的大好生意，着急万分。

鲜伯良为解重庆之危，经过一番辛苦筹谋之后，带了3000包面粉亲自从汉口赶往重庆。

面粉大王抵达重庆之后，第二天便依常规去走访各大粮商。粮商见面粉大王亲临“寒舍”，当然喜出望外，热情备至。但在每一家粮商客厅里，当面粉大王与粮商谈兴正浓的时候，总会匆匆跑来面粉大王的高级助理，递上一纸合约后，在面粉大王耳边神秘细语一番。面粉大王则总是正色厉声道：“某老板用不着如此神秘。”接着便把助理的话告诉那老板，说是刚刚获悉与汉口某粮店达成协议，鄙人从那里购得若干万包粮食，于某日即可抵达重庆出售。就这样，鲜伯良在轻描淡写中把重庆的头号特大新闻一字一句地灌进了每个大粮商的耳朵里：面粉大王将从汉口源源不断地运粮来帮助重庆度过干旱之年。

对粮商来说，这无疑是平地惊雷。

接着，鲜伯良开始将汉口带来的3000包面粉低价出售。粮商们这一下更急了，争先恐后放弃了囤积居奇的美梦，开始竞相减价抛售。

不多时，重庆复兴面粉公司的仓库里堆满了低价粮食，而等到粮商们突然发觉自己手头无粮食了，而汉口并未向重庆运粮时，便赶紧亲自赶往汉口。没料到，此时汉口的粮价竟比自己刚刚抛售的重庆粮价高得多。而等到他们再次赶回重庆时，却又发现重庆面粉公司开始高价售粮了。

如果你一无所有，可以“无中生有”；如果你并不是一无所有，你就可以“以小充大”了，可以把所有的“资本”集中在一个点上，让对方“管中窥豹——只见一斑”，从你某一点上的强大，对你的整体实力产生错误的评估。这也是“打肿脸充胖子”的常见手法。

这种手法，常被想做成某件事，而自身力量又不够的人运用。而且运用得当，确实能够“瞒天过海”。

70多年前，日本神户新开了一家经营煤炭的福松商会，经理便是少年得志的松永左卫门。开张不久的一天，商会来了一个当时神户最出名的西村豪华饭店的侍者，他送给松永一封信，上书“松永老板敬启”，下款“山下龟三郎拜”，内称：“鄙人是横滨的煤炭商，承蒙福泽桃介（松永父亲的老友，借了巨资给松永作商会的开办费）先生的部下秋原介绍，欣闻您在神户经营煤炭，请多关照。为表敬意，今晚鄙人在西村饭店聊备薄宴，恭候大驾，不胜荣幸。”

当晚，松永一踏进西村饭店，就受到热情款待，山下龟三郎毕恭毕敬，使得松永不免飘飘然。

酒宴进行中，山下提出了自己的恳求：“安治有一家相当大的煤炭零售店，信誉很好。老板阿部君是我的老顾客。如果承蒙松永先生信任我，愿意让我为您效劳，通过我将贵商会的煤炭卖给阿部，他一定乐于接受。贵商会肯定会从中得利。我呢，只要一点佣金就行了。不知先生意下如何？”

松永一听，心里马上盘算起来。没等他开口，山下就把女招待叫来，请她帮忙买些神户的特产瓦形煎饼来。并当着松永的面，从怀里掏出一大叠大面额钞票，随手交给女招待，并另外多抽出一张作为小费。

松永看着那一大叠钞票，暗暗吃惊。眼前的这一切，使他眼花缭乱。稍一镇定，便对山下说："山下先生，可以考虑接受你的请求。"

稍作谈判后，松永便与山下签下了合同。

丰盛的晚宴后，松永一离开，山下便马上赶到车站，搭上末班车回横滨去了，西村饭店这样高的消费，哪是山下所能承受的？

他那一大叠钞票，其实只是他以横滨那不景气的煤炭店作抵押，临时向银行借来的；介绍信则是在了解了福泽、秋源与松永的关系后，借口向福松商会购买煤炭，请秋原写的。然后，山下又利用豪华气派的西村饭店作舞台，成功地上演了一出戏。

从那以后，山下一文不花，从福松商会得到煤炭，再转卖中部，从中大获其利。

业务介绍信、饭店里设宴谈生意、给招待员小费，这些都是日本商界中司空见惯的。山下就是利用这些极为平常的小事，显示自己拥有雄厚的实力，隐藏自己没有资金做煤炭生意的事实，从而达到了自己的目的。而年轻的松永，被山下诚恳恭敬、热情招待和慷慨大方所迷惑，轻信了山下。

3. 寻找兴趣点，过了这村没这个店

商业往来中有些人借用某种媒介或采取某种方式，或构成一种竞争的局面，就是以刺而动之的方法刺激对方的兴趣。

第一，抓住你对某人某物的珍爱心理，不惜一次又一次地使用破坏性的手法，以刺激你想要充当保护者的欲望，操纵和控制你，使你被迫答应他的要求。

例如，在比利时的一个画廊里，有一个印度人带来三幅画同画商进行交易。这明显地是印度人求画商买他的画。开始印度人对三幅画总共要价 250 美元，画商不同意，双方经过一番激烈的讨价还价，还是陷入僵局。印度人被惹火了，拿着画跑了出去，将其中的一幅画付之一炬。画商爱画心切，心中备感伤痛。这时画商又问印度人现在的两幅画要价多少，印度人仍然要价 250 美元。当画商拒绝接受这个价格时，印度人竟然又烧掉了其中的一幅。最后，画商只好恳求对方不要再烧掉最后一幅画。画商拿过剩下的最后一幅画问印度人要卖多少钱，印度人坚决地告诉画商，还是 250 美元。谈判的最后结果，印度人硬是从画商那里得到了他需要的 250 美元。这就是“逼君上梁山”的例证，画商的心理防线完全被攻破了。

第二，刺而动之，不一定采用类似印度人那种破坏性的手法，其他诸如利用某个话题引起你的兴趣，造成竞买竞卖的局面引诱你下定决心等，都可以看做是刺而动之的方法。

举个例子来说。有一个自称急等钱用而被迫变卖戒指的卖主，正在

和一位对此交易流露出兴趣的买主讨价还价。卖主要价600元，称这是最低价格，否则亏本太多。买主把戒指放在手上掂来掂去，始终拿不定主意。正在这时，有两个矮小的妇女刚好从旁边经过——实际上她们同卖主是合伙人。其中一个妇女对另一个妇女说："多好的戒指！成色好，式样又别致，它的价值要是在珠宝店里至少要800元才能买到。如果我有钱的话，我就马上买下来，真遗憾。"听到这样的议论，这个买主有了信心，他拿定主意，终于以600元买下这只戒指。其实它在珠宝店里还不值400元。卖主在这里依靠同伙从旁散布假行情，采用煽动的方法，刺激了买主的兴趣，坚定了买主的购买心理，使他的商品卖到了好价钱。

4. 绵里藏针，不答应会有损自尊心

经商中有一种“绵里藏针”的方法，就是吹捧恭维你，极大地满足你的虚荣心，当你飘飘然时，突然提出自己的要求。并在话里话外，使你感到对方在怀疑你的权威，一旦感到权威受到了挑战，你就会尽全力证明给对方看。如果办不到对方所求的事，就会有损自己的自尊心，这时你只有硬着头皮为他办事。

(1) 把你美化成道德上的“完人”

这种事例在日常生活中还很多很多，也许当事人自己都没有感觉到有什么特殊之处，但又确实是凭着道义达到了办事儿的目的。这时人的自尊、名声、荣誉、能力……都可以在你心理上产生极大的效应，从而使对方的目的得逞。

(2) 把你标榜为能力上的“超人”

例如，美国黑人富豪约翰逊决定在芝加哥为公司总部兴建一座办公大楼，出入无数家银行，但始终没贷到一笔款。于是决定先上马后再加鞭，设法将自己的200万美元凑齐，聘请一位承包商，要他放手建造，自己想方设法筹集所需要的其余300万美元。

建造持续施工到所剩的钱仅够再花一个星期的时候，约翰逊和大都会人寿保险公司的一个主管在纽约市一起吃晚饭。约翰逊拿出经常带在身边的一张蓝图准备摊在桌上时，保险公司主管对约翰逊说：“这儿我们

不便谈，明天到我的办公室来。”

第二天，当约翰逊断定大都会公司很有希望给他抵押借款时，他说：“好极了，唯一的问题是今天我就需要得到贷款的承诺。”

“你一定在开玩笑，我们从来没有在一天之内给过这样贷款的承诺。”保险公司主管回答。

约翰逊把椅子拉近说：“你是这个部门的主管。也许你应该试试看你有无足够的权力把这件事在一天之内办妥？”

对方微笑着说：“你这是逼我上梁山，不过，还是让我试一试。”

他试过以后，本来他说办不到的事儿终于办到了，约翰逊也在钱花光之前几个小时回到了芝加哥。

这个事例中对方找到并击中了主管的要害，迫使他就范。就这件事儿来说，要害是那位主管对他自己权力的尊严感被利用了。

5. 笑脸效应：以笑脸蛊惑人心

伸手不打笑脸人，以笑脸蛊惑人心是商战中的一件利器。

1969 年，日本决定发展摩托车，经过反复讨论还没有定下最佳方案，他们走出去搜集有关技术情报。就这样，日本 1200 余名有经验的工程技术人员出发了。

“我们日本要发展摩托车，有可能请你设计，也可能向贵厂订购产品。不过，请先介绍一下贵厂摩托车的优点，并让我把样品带回去好让我说服我的上司。”这些日本人每到一个工厂就这样询问、恳求厂主。

在日本人极诚恳、友善的态度下，这些工厂主十分高兴，毫无保留地把最先进的技术告诉了他们，有的还把日本人带到车间、实验室参观。

短短的一年内，1200 余名日本人走访了全球 80 多个工厂，并带回了 100 多辆各类先进的摩托车。日本人将这些技术、样品、资料整理、研究，集中优点，重新设计，并建立了自己的工厂。

两年后，一种轻便、省油、耐用、便宜的摩托车问世了。这时，被日本人“访问”的厂家才猛然醒悟。可惜，太迟了！

看了这个故事，你掌握了识破“笑面虎”进行商业间谍活动的一招——走访、聘请、订购，即明修栈道，暗度陈仓。此招是诱导别人按正常的商业活动原则来判断对手的行动意图，以达到不可告人的目的。需要注意的是，窃取技术的人往往制造一种友好的气氛来分散我们的注意力。

与以“做一笔大生意”为诱饵相比，“笑脸”不过是小巫见大巫罢了。

苏联人常常要求美国公司提供技术方面的详尽资料，或让苏联“专家”进行“考察”，理由是他们需要了解美国公司的技术是否先进，然后才能谈生意。可是，一旦他们取得足够的技术资料，就随便找个借口使交易告吹，或顶多只做一笔小买卖敷衍了事。

有些美国公司为了在苏联市场上得到一个立足点，就不计后果地满足苏联方面的要求，结果是白白向苏联提供宝贵的技术资料，生意却是一场空。真可谓“赔了夫人又折兵”。

1973 年，苏联曾在美国放风说，它打算挑选美国的一家飞机制造公司，为苏联建造一个世界上最大的喷气式客机制造厂，该厂建成后将年产 100 架巨型客机。如果美国公司的条件不合适，苏联就和西德或英国的公司去做这笔价值 3 亿美元的生意。

美国三大飞机制造商——波音飞机公司、洛克希德飞机公司和麦道飞机公司闻讯后，都想抢到这笔“大生意”。它们背着当局，分别和苏联方面进行私下接触。苏联方面在这三家公司之间周旋，让它们互相竞争，更多地满足己方的条件。

波音飞机公司为了第一个抢到生意，首先同意苏联方面的要求：让 20 名苏联专家到飞机制造厂参观、考察。苏联专家在波音公司被敬若上宾，他们不仅仔细参观飞机装配线，而且钻到机密的实验室里“认真考察”。

他们先后拍了成千上万张照片，得到了大量的资料，最后还带走了波音公司制造巨型客机的详细计划。波音公司热情送走苏联专家后，满心欢喜地等待他们回来谈生意、签合同。

岂料这些人一去再不回头。不久，美国人发现苏联利用波音公司提供的技术资料设计制造了伊留申式巨型喷气式运输机。这种飞机的引擎是英国的劳斯莱斯喷射式引擎的仿制品。

使美国人感到纳闷的是，波音公司在向苏联方面提供资料时留了一手，没有泄露有关制造飞机的合金材料的秘密，而苏联制造这种宽机身飞机的合金是怎么生产出来的呢？波音公司的技术人员一再回忆、苦思冥想，才觉得苏联专家来考察时穿的一种鞋似乎有些异样，毛病果然就是出在这种鞋上。

原来，苏联专家穿的是一种特殊的皮鞋，鞋底能吸住从飞机部件上切削下来的金属屑。他们把金属屑带回去一分析，就得到了制造合金的秘密。

1974 年，苏联又以建造一家电脑工厂为诱饵，和美国控制资料公司签署了一项意向协议。根据这项协议的条款，双方共组成了 9 个联合工作小组，分别详细讨论“有关技术、设备和生产方法”。苏方人员在讨论中没完没了地提问题，美方人员不厌其烦地答复、讲解。

最后，控制资料公司还向苏方提供了很多技术资料。谁想到，讨论一结束，苏方就撕毁了协议。

中国古语讲：“欲取之，必先予之。”先给你好处的人，往往会从你那里拿走更多。中国还有句俗话：“伸手不打笑脸人。”谁能想到在这笑脸的背后，还有更大的阴谋。

6. 制造“天上掉馅饼”的幻局

做生意也是一分耕耘一分收获，天上没有馅饼掉。许多人上当受骗就是心理上产生一种幻想，异想天开，以为天上会掉馅饼，企图不劳而获可以发大财，结果，车毁人亡，落入败局。天上不会掉馅饼！如果你碰到，无论是馅饼、烙饼，还是比萨饼，都快趁热扔掉！

1987年10月，在广交会期间，深圳市某进出口贸易集团公司总经理叶振忠通过下属海外经济贸易公司经理李某认识了陈某。听李某一番介绍，叶总决定聘用“能人”陈某，以扭转海外公司不景气现状。

1988年1月，来海外公司报到上班的陈某得知公司去年曾从澳大利亚进口2万多吨氧化铝，眼下正交与国内某铝厂加工成铝锭，以便出口，当即向李某建议：“这批铝锭应该拿到国际期货市场买卖，能起到保值作用。”“什么是保值？期货是怎么回事？”不懂此道的李某、叶振忠等初闻此言，便反复向陈某讨教。为此，陈某专程去香港请来一位港商对他们进行“期货交易”的启蒙教育。在陈某的热情鼓舞下，叶总、李某渐渐头脑发热，早已把国家禁止国有企业擅自参与国际期货交易忘得一干二净。叶振忠、李某等共同拍板定案：国际期货交易，可以干！

1988年2月，经陈某策划，一个秘密的冒险计划开始实施：即刻以叶、李、陈三人组成一个国际期货运转操作小组，先用该进口公司的名义与美国某公司签订了参与期货交易的有关文件，随即在美国纽约某银行建立账户。经商议决定动用该账户的期货保证金要由叶、李、陈三人中的两人同时签字方能生效。至于其他生意业务，可由陈一人独自决策。案发后，查阅叶、李、陈三人订立的《转移资金授权书》，发现一个极容易钻的空子：交易所“在任何时候，无须事先通知就可将资金从调节商品账户转移到其他账户，具体情况可以事后用书面通知李、陈两人”。

为使陈某能卖力为公司工作，叶、李二人特为其在新园大酒店包租了一豪华写字间作办公室。该写字间月租金为 9000 元，内设有电脑、国际直拨电话等现代办公通信设备。就这样，陈某开始独自一人操纵着海外公司期货交易的大权。

经短时间的“精心准备”，叶振忠听从李、陈的谋划，在 1988 年 4 月，将那批铝锭投进国际期货市场。为使此项工作能较顺利开展，叶振忠奔走于深圳市经济发展局、外汇管理局和其他相关政府部门，很快便办理好了参与期货交易所必需的文件和手续。5 月 5 日，叶振忠拿着外汇管理局的批复，从中国银行深圳分行分批付出贷款 200 万美元作为期货保证金存入公司在海外炒期货的账户上。

尽管市外汇管理局在办理该进出口公司和海外公司的批复时强调：“汇出的外汇必须专款专用。”此笔款项“只限于用作复出口铝锭期货交易保值，交易完毕后，要及时将资金调回国内”，“不宜搞专门买空卖空的期货交易活动”。但叶、李、陈等人却是“将在外，君命有所不受”。他们凭着自己的胆大，毫无顾忌地跨过了前述规定：他们手中仅有 1825 吨铝锭，却在期货市场中卖出 26000 吨，由此造成的虚位空锭多达 24175 吨。由于到期供不出实际现货，叶振忠等人便只好用保证金作冲抵赔偿。因上阵决定草率，第一笔期货交易便给公司造成 300 多万美元的亏损。

眼见第一笔期货交易白白丢失 300 多万美元，叶振忠为迅速弥补损失，在陈某的鼓动下，同意扩大生意范围，空炒铝、铜、锌、金银、外汇、棉花、大豆、石油、食糖等多个品种的期货。

可是，出师再次不利，仅 1989 年春节期间为一桩铜材的期货交易，叶总的公司又损失掉 800 万美元。这犹似一次大赌博，越输越想赢回。叶总再次听从陈某建议，在缺乏铝锭现货的情况下，干脆“以锌换铝”。

可是期货市场进入者须得先交保证金。这钱从哪里来？情急之下，叶总想到了自己的妻子，向她借钱救急。

叶总之妻黄美贤是深圳市免税商品供应公司的总经理，一听叶总呼救，她便立即伸出救援之手。为了避违纪嫌疑，她先让自己下属公司与丈夫下属海外公司签订合伙经营期货生意的假“协议书”；然后便以免税公司进货为名，利用开具给免税公司的假发票，蒙骗市外汇管理局，轻易将500万美元汇出境外。

资金一到境外，黄美贤即刻便将其中的400万美元转到她丈夫在美国炒卖期货的公司账户上。然而，这一招也未能圆叶振忠的美梦。到1989年8月，不到3个月的时间，黄美贤为救丈夫划出的400万美元已全部亏空流失。而她自己留的那100万美元，也因使用不当，同样流失干净。

面对“赔了夫人又折兵”的惨局，叶振忠曾有过懊悔，但他并不善罢甘休，他发誓：非要赢个大盘不可！可这几个月的实际运转结果是叶总总亏空已达1200万美元。

正当炒期货屡屡失手的叶振忠在为上千万美元的流失而惶惶不安之时，他又接到了期货交易所的明白告示：“贵公司所属的海外公司账上已无剩余资金，请马上追加保证金，如果不马上补足应交的期货保证金，我们将向国际法庭起诉，追诉罚金。”

面对这最后通牒，叶振忠更是慌了手脚。在此之际，李某献上一策：国家储备局正委托该进出口公司代购矽钢片，已汇入800万美元，何不先动用一下该款，以解燃眉之急？叶总一听，马上叫李某策划办理，很快他们便编造了一个理由，骗取了主管部门的同意，将其中的300万美元直接汇入在美国的公司期货账户上。对那余下的500万美元，叶振忠也没用来替国家储备局购买矽钢片，而是交由李某所在海外公司使用。

李某拿到这笔钱后迅速购买了大批棉花，准备加工成棉纱出口，以赚一笔大钱。可没想到国家很快实行了对棉纱销售采取保护价格的限制，这样一来，不仅赚头不大，销售也日见困难。结果，这批积压的几百万美元的货物只好困守在海外公司的库房里……

在1988年5月至1989年8月期间，叶振忠下属的海外公司先后21次向美国纽约化学银行汇出期货保证金，总计达3066.62万美元，以上款项除已经汇回中行深圳分行1222.94万美元以外，截至1991年9月，期货账户上仅有余额1.2万美元，也就是说有1842.48万美元，加上银行利息521万美元，总计2636.48万美元，经叶振忠等人的国际期货买卖折腾，竟像打水漂似的在短短的时间内便消失得无影无踪。叶振忠以为天上有馅饼掉，上了陈某等人的大当。

公司要避免落入欺诈的陷阱，必须端正思想，以诚实致富作为座右铭，不要企求轻松可以获得巨大财富。

7. 热情效应：嘴上缺少把门的

由于一些人头脑里市场经济意识淡薄，心肠比较热，嘴边缺少把门的，致使一些秘密外泄，损失惨重。对手通常就是利用你的热情，你想满足他需要的心理窃取了你的商业秘密。

保守商业机密对任何一个商家或企业来说都是关乎生死存亡的大事。有很多别有用心的商人，往往会以各种手段来获取别人的商业机密，以此来提高自己的竞争力。所以经商时一定要重视保密工作，筑起反商谍的“防火墙”。

孙子曰：“兵者，诡道也。故能而示之不能，用而示之不用，近而示之远，远而示之近。利而诱之，乱而取之。”商业界的保密，在经营者能否获得成功这一点上常常是决定性的。西方国家的那些大型企业，往往都基于军队的保密体系来拟订保密计划。自从有了战争的历史以来，司令官有关于军队的部署、补给及其他辎重的计划，要是让敌人察知，哪怕只是些许，战斗中也必将败北，这已成了军中的常识。而在商业竞争中，这个道理同样适用。

设在美国加州奥克赫斯特的新锐公司正门停着一辆大型豪华轿车，4 个人从车上下来。这 4 位衣着整洁，都穿着三件套的素雅西装。他们自称是从 IBM（国际商业机器公司）总公司来的，想要会见新锐公司的负责人。

新锐公司的总经理把他们请到办公室来。那 4 位之中有一人说明了他们的来意：他们是偶尔路过这一带，想参观该公司的工厂。

总经理咧嘴笑着。因为他一看就觉得这4个穿着三件套西装的人，根本不是到附近的约塞密提游览而顺道来访的。尽管如此，他还是对想要参观的这一行人表示欢迎，带他们到工厂去。要参观一下？根本不是！

一进入工厂，来自“大蓝”（IBM）的那4个人，便让总经理打开认为是企业机密房子的门锁，他们走进去，便把纸篓倒出来，查证丢弃的文件是否用碎纸机处理过，然后摇动办公室公文柜的锁，看看有没有锁好。

那4个人对检查的结果好像很满意。于是，向IBM总公司报告，说新锐公司的企业机密保安措施合格。可是，过后不久，那4个人又突然驾到，一来就对保守机密的情形重新检查一番。

与IBM签了合同而从未曾享有过工作特权的一位局外人向人诉苦说，当IBM要保守机密时，如同患了偏执狂一般。比如说，IBM向代理公司订制某种零件时，只提供该零件生产上所需的资料，代理公司在整个产品推出市面以前，搞不懂那是做什么用的。

由于个人电脑业界竞争极为激烈，因此，IBM保守机密的措施，在20世纪80年代初面临了最严厉的考验。最大的竞争对手“苹果公司”的个人电脑终于上市，大众对它兴趣浓厚，同时也很畅销。其他公司也竞相投入新型的个人电脑市场。

IBM决定以自己的品牌上市的个人电脑零件，不在公司内生产而在公司外生产，唯有装配工作在IBM的波卡雷顿工厂进行。在由设在佛罗里达州的这家工厂运出第一号成品之前，其他竞争公司根本无法想象IBM的个人电脑会是什么样子：只是复杂的电脑零件，由美国各地数百家公司生产。

世界上喝过可口可乐的不知有多少人，然而，有谁知道这种饮料的配方呢？事实上，可口可乐的配方属于最绝密的东西，只有企业的一两个核心人物知道。这就是可口可乐行销世界、享誉全球，很少遇到过敌手，几十年常胜不败的原因之一。想当初，由于印度政府要求可口可乐公司公开可乐配方的秘密，可口可乐公司毅然决定，即使从印度市场撤出也不公开其配方的秘密，这说明保守企业秘密是多么重要。在我国发展市场经济、产品走向世界的今天，要使我们的名牌享誉全球、通行无阻，我们不能不提醒经营者：小心泄密！

保守商业机密和外商友好相处并不矛盾：商业机密，是指关系到企业的命运与生存，与企业的安全和利益息息相关的事项；和外商友好往来，是为了使企业的产品能在国际市场上站稳脚跟，给企业带来经济效益。为了博得外商的信赖，合作者应发扬助人为乐的精神，急人之所急，帮人之所需。但切忌口若悬河，有问必答，慷慨解囊，把自己的“饭碗”拱手相让，使外国人不费吹灰之力而获得“秘方”。

过去，由于一些人头脑里市场经济意识淡薄，心肠比较热，嘴边缺少把门的，致使一些秘密外泄，损失惨重。比如，本来我国研制的某种化工产品在国际上享有盛誉，成为出口创汇的拳头产品。可是外商进厂参观时，厂方允许拍照，并详尽介绍整个生产流程，被其免费取走了核心技术，使我国出口的该产品在国际市场上成了滞销品。某厂生产的空心面，世界市场需求量大，前景广阔，创汇可观。但在某外商打着合资建厂的幌子实地考察时，厂方竟把和面、烘干的诀窍和配方全盘托出。外商“按谱炒菜”，在很短的时间内就开发出包装精致、质高价廉的空心面，占领了国际市场。此后该厂的空心面开始贬值，逐渐败下阵来。某单位研制的某种抗癌良药属于世界先进水平，由于机密泄露，使几代人含辛茹苦的科研成果毁于一旦。相反，有些企业由于保密工作做得好，至今仍立于不败之地，生产的产品一直供不应求，经济效益十分可观。

随着国际交往和合作的进一步发展，国与国之间的竞争、斗争，也会更趋激烈。企业秘密和科技情报将成为各国商业间谍窃取的重要目标。因此，商家一定要提高警惕，切莫在“满足对方需要”时泄露机密。

8. 危难之中急不得

在市场活动中，当公司生产经营陷入某种危难之中时，经营者往往急需有人帮助。诈骗分子就会迎合这种心理，布下陷阱或骗局主动相助，伺机骗取财物。

在激烈的市场竞争中，通达公司经营日益显得困难重重，为了改变公司每况愈下的窘境，1993 年 10 月，通达公司总经理王玉玺终于做出了一项重大决定：对公司所有的商店、商场实行公开招标承包。

不几天，一个自称是浙江某电气元件厂厂长的项某，在别人的引荐下，来到公司提出愿意出资承包公司所属的中心商场。尽管对此人毫不知底，但在项某口若悬河的大侃和朋友的极力保举下，王玉玺顿时感到项某是个不可多得的人才。于是，他顾不得对项某做更深一步的观察，坚信外来的和尚会念经，很快召开办公会议研究决定将中心商场承包给项某，双方签订了合同。项某走马上任，摇身一变成了中心商场合法经理。最初的几个月内一切经营活动似乎都在履行合同的范围，但好景不长，不出半年，员工纷纷反映，项某经常提取大笔资金，长时间外出不归，经营大权都由一名会计代替，而且经营也到了十分混乱的地步。对这些反映，王玉玺不予理睬。此后不久，项某撕去了假面具，提取了银行账户上全部现金，在一个早上不辞而别，携款潜逃。突然的变故，终于使王玉玺感到了事态的严重。他慌忙下令对中心商场封存，盘点报告出来后，他才吃惊地发现，短短几个月，项某已从商场挖走了几万元的商品，同时欠下了 10 多万元的债务。

正当王玉玺为错用项某招致重大经济损失而痛心疾首之时，他也在千方百计寻找着亡羊补牢的办法。不久，一个叫仁某的人，不失时机地出现在他面前。仁某自称是西安设备成套服务部的"法人代表"，有"介绍信"为证。他提出以优惠的条件承包中心商场，并承担全部债务。王玉玺像遇上了救星，很快与其签订了承包合同。中心商场似乎又起死回生。

中心商场开业后第二天，仁某即派他的业务员李某，参加了在石家庄召开的全国副食品订货会，以中心商场的合法名义，用私刻的合同章，与江苏、浙江、广西、福建、贵州、广东等地10多个厂家签订65万元的副食品购销合同，开始了明目张胆的诈骗活动。同时，仁某还加紧了对商场移交商品的转移活动，仁某的行动很快被员工觉察，并不断反映给公司，王玉玺这才发觉不妙，忙派人对仁某进行外调。当外调人员将调查结果摆到王玉玺面前时，他简直傻了眼：一切都是假的！王玉玺大呼上当，当即终止了与仁某的承包合同，又十万火急地向上述10多个厂家发出了"停止供货"的电报。可惜为时已晚。在他采取这些措施之前，福州市一厂家发来的价值4.6万元的茶叶，已被仁某提走，下落不明。仁某也闻风而逃，杳无音讯。

此后不久，通达公司接到了受骗厂家及当地法院的诉状。虽经多方调解，但法院仍依法追究通达公司的连带责任，强行从公司账户上划去了2.5万元的赔偿资金。

在王玉玺实施的"重大变革"中，也包括对下属"东城商店"的招标承包。在诸多的人选中，一个自称是某飞机制造公司停薪留职人员的金某，又找上了门，几乎没费什么周折，金某便成了承包人。他提出的承包条件似乎很简单：将"东城商店"改为独立法人，实行自主经营，自负盈亏。

对这个如此"痛快"的"承包者"，也曾有人提醒王玉玺多个心眼。王玉玺仍不以为然。几个月后，当王玉玺还在为自己的"改革"成果欣慰时，一个意想不到的结果又使公司上下震惊：金某突然去向不明，"东城商店"陷入混乱状态，经济纠纷不断，债主纷至沓来……经调查核实，短短几个月，金某就以通达公司"东城商店"名义，骗取了郑州、平湖、西安等地10多个厂家价值近10万元的商品！

当王玉玺及通达公司被3个骗子搞得浑浑噩噩的时候，钱某的出现，又给这一场悲剧增加了更具讽刺的一幕。

钱某，48岁，曾因诈骗和流氓罪入狱5年，释放后从事个体经营。当他得知通达公司实行公开招标承包的消息后，立刻瞄上该公司下属的“东二路商店”这块肥肉。于是，他使尽了浑身解数，对王玉玺展开了攻势。尽管王玉玺对钱某的背景有所耳闻，但经不住钱某的攻势和说客们的游说，在未加慎重研究的情况下，拍板决定了。当钱某摇身一变成为合法经理后，即以“通达公司东二路商店”的名义，一次性骗购了本市糖酒公司白糖20吨，价值8万余元，携款物潜逃。

1995年10月，受骗单位依法上诉。经人民法院判决，由通达公司赔偿原告全部经济损失。几经劫难，通达经销公司终于走到资不抵债的尽头，不得不宣布破产。

一个公司毁于4个骗子，通达公司的倒闭给人们的教训是深刻的。王玉玺在公司经营陷入困局的情况下急于解脱危难，起死回生，这种心理被骗子利用，结果不仅没有走出困境，反而把公司拖入了死亡之地。

9. 定式思维：老眼光看新问题

很多时候人们都会陷入固定思维，不知道随机变化，老被自己以前的经验所误导。老眼光适合老环境，要打破定式思维，善于根据现在的情况创新，不要被老眼光束缚在老的思想圈里。

心理学上有种概念叫“定式思维”，是指人们在认识事物时，由一定的心理活动所形成的某种思维准备状态，影响或决定同类后继思维活动的趋势或形成的现象。生意场上不免会由于自己的老眼光而限制思维，一旦陷入这种思维陷阱，生意就不会做得长久、做得到位。

在急剧变化的年代，变是唯一不变的真理。人的思想观念决定了人的言行举止，最终也决定了人的命运。观念在任何时候都起着先导作用。它是人生转变的基础和起点，是做生意的最先条件。具体来说，善于算计的生意人观念更新得快，往往不会陷入定式思维的泥潭，这也正是他们做生意能够赚钱的秘密所在。

(1)“所有制”的观念

当许多人在所有制问题上，思想还不够解放，观念还不够超前，潜意识中还有一种“恐资”心理在作祟的时候，精明人就用“不管白猫黑猫，能够抓住老鼠就是好猫”的观念来看问题，认为能够发展生产力的就是好的所有制，反之就不是好的所有制。实行市场经济初期，北方的许多国有企业负责人在市场上遇到问题时找市长，指望政府给予特别的政策关照来解决问题，这当然是捷径，但市长的职责是维护“游戏规则”的公平性，不可能超越规则对某一家企业给予特殊的地位。而精明人在经营过程中，找市场而不是找市长，他们能勇敢面对市场的压力，认真研究市场规律，密切关注市场行情，以“市场”的概念来指导自己的商业行为，从市场本身寻找出路。

(2)“铁饭碗”的观念

当许多地方的人为争一个“铁饭碗”而挤得头破血流的时候，精明人已经开始了放弃比较显眼的公职身份而去打工或者自己创业。早在1980年，时任温州通用机械厂要职的郑秀康毅然辞去公职，还卖掉了家里的手表、自行车等值钱物品，开始学做皮鞋，这种举动在当时的世人眼中无疑是发疯。

(3)“说与做”的观念

商机就是金钱，抓住就不松手，认为一旦机遇来临要抢抓、快抓、抓紧，而且善于创造机遇，认为只要大胆探索，勇于开拓，不利因素可以转化为有利于自身发展的条件。

(4)“唯上与唯实”的观念

做生意本着实事求是的精神来对待上级的政策，做到从实际出发，唯实不唯上。而许多人则过多强调的是政治观念，常常从政治的高度来理解执行上级政策，强调政策的权威性与严肃性，而忽略了实事求是的精神。

(5)“从政与从商”的观念

有人把经商作为实现人生价值、体现人生尊严的一种追求；而许多人总觉得经商低人一等，认为只有当官从政或者著书立说才能实现人生价值。做生意就是做生意，赚钱就是赚钱。这实质上是对儒家传统文化中官本位思想的一种反叛与挑战。许多人受传统观念影响，总觉得经商低人一等，“无商不奸”，认为商人不是一种正经的职业，而把当官从政看做是一种高人一等的职业。

(6)“面子”观念

能赚钱就是最大的面子，勇敢者敢于抛家舍业，不远千里地去外地创业，干其他人不愿意干的事情而赚钱。而好多人保守着“远走不如近爬”的陈旧观念，即使下岗回家没活干，宁肯吃老子、靠老婆、依社会，也不愿扫大街、刷厕所、擦皮鞋，甘心守着清贫也不愿“掉价”。

（7）“人才”观念

只要能发展经济，就大胆提拔使用，做到唯才是举，有才必用。许多地方在选拔使用人才上，胆子不大，步子不快，在多数情况下是讲情面、看关系、重资历、搞平衡、搞照顾。对新人、能人不太放心、求全责备，或者生怕惹出什么乱子来。

（8）“实践”的观念

温州人创业不等不靠，没有条件就马上创造条件，如“借鸡下蛋，卖蛋还钱”。而不像有些地方的人总是强调客观理由，为自己的懦弱找借口，却不从主观原因上找问题、挖根子。他们的口头禅就是：等一等，看一看，很难有勇气迈出实践的第一步。

（9）“抢先”的观念

当一崭新商机出现于人们视野之内时，许多人还在观望、徘徊甚至研究，善于算计的人已经大赚了一笔。原来是说“癞蛤蟆想吃天鹅肉”，现在变成了“天鹅肉往往是被第一只癞蛤蟆吃掉的”。抢先占得商机，就抢得了市场的制高点，难怪俗话说“做鬼也要跑到前面”。

（10）“择业”观念

只要能挣钱不违法，什么都敢干，什么都能干，什么都愿干。而许多人的择业观念就显得落后，不合心愿的职业不去，脏、苦、累的职业不去，理想的职业就是“钱多事少离家近”。

（11）“团队”的观念

许多人由于传统观念和小农意识积淀太厚太深，所以擅长“窝里斗”、“搞内耗”，不能很好地团结协作，生怕别人冒尖，压制、打击新生事物。

（12）“大钱与小钱”的观念

是钱就赚，不管其多少，从赚小钱发展到赚大钱，而在赚大钱后依然小钱照赚不误，大小通吃，大小兼容。而许多人小钱不愿意赚，大钱又难以赚到。

（13）“竞争”的观念

许多人习惯追求安逸，满足于生活现状，脑子里装满了旧套套、旧框框，缺少竞争意识，不愿接受新形势带来新机遇的挑战。而温州人不怕竞争、敢于竞争，竞争已经是他们的一种生活习惯。

（14）“招商”的观念

主动出击，跑出去，上门招商，把主动权牢牢地掌握在自己手中。而许多地方则更多的是“守株待兔”招商、“愿者上钩”招商，所以错失了不少机会。

10. 画饼充饥，远景利诱

狐狸再狡猾也会露出尾巴，所有的骗子都不可避免要露出马脚。麻痹大意、粗枝大叶、爱占小便宜的心理往往是许多人上当受骗的主要原因。

深圳某公司业务员A，于1988年8月的一天找到南京某公司副总经理B，闲聊几句后说："我受敝公司委托通知B总，我们可供一批日产原装摩托车，请你考虑一下。"说完递上摩托车样本说明书，以及该公司当年贸易供货价格单等3份文字和图片资料。

B总看后认为，对方推荐的摩托车是日本最新产品，价格也不算高，而时下摩托车正走俏，有厚利可图。于是，送客后便召开有关会议商议。

与会人员觉得B总是主管公司业务的头头，而他对这笔生意热情很高，也就顺水推舟，议了不到20分钟就做出了相应决议。

9月12日，B总写好了授权委托书，叫公司供销经理罗某和技术质量处处长殷某代表公司前往深圳与对方洽谈。

罗某一到深圳，便大忙私事，而殷某是只管技术质量问题的洽谈副手，见罗忙私事，也就上街看景致去了。一晃几天过去了，等到B总打电话催询有关情况时，他们一不知对方有无摩托车，二不知对方供货能力，三不知对方资信状况，罗某只好支吾搪塞，"保证马上了解，抓紧洽谈"。

第二天，罗某根本没去有关部门打听有关情况，便草率地走进了对方办公室。洽谈时，他既没有要求对方出示进口物资许可证、商检证、准销证等必备证件，也没要求对方在签订合同后去办理公证等项手续，便不负责任地与对方签订了两份合同：其一，深圳方面供日本原装“本田”100型摩托车3000辆；其二，125型摩托车800辆，总价值4018万元。双方商定：合同签订后十日之内，南京方面向深圳方面付货款总额的30%作订金，共计1205.4万元。

9月17日，殷某把合同带回南京汇报。B总过目后，就对方是否有权经营摩托、供货能力如何、合同怎不见公证机关的印鉴等问题打电话询问尚在深圳的罗某。罗某又是一阵搪塞敷衍，而B总也没深究就又轻易地相信了。

正在B总筹备预付款时，有人通过B总的下属提醒他：这很可能是一场骗局，对方想借此套用别人资金而并无摩托车可供。

可是，一心想赚高额利润的B总，把这好心的提醒误解为“同行嫉妒”，听不进去，更无意查核虚实，匆匆忙忙给对方汇去1205.4万元。之后，B总电话指示罗某：“盯住这笔款，抓紧按合同进货。”而罗某此时只顾私事，坚持要回老家湖北，将此事交给一个不熟悉的人代办，自己则离开了深圳。

结果，不出“提醒”人之所料，对方拿到汇款便逃之夭夭。B总直等到合同规定交货期，仍见不到货，才知上当受骗，急忙多方交涉，只追回420万元，损失785.4万元。

市场活动充满风险，布满陷阱，如果像B总、罗某这样麻痹大意，上当受骗是难免的。

11. 利用你“心急想吃热豆腐”的心理

“心急吃不了热豆腐”，心一急，防范之心渐退，于是让有备而来的对手乘虚直入。经商一定要三思而后行。

凡事三思而后行，这对降低生意场上的风险很有帮助。因为骗子再高明，总难免百密而无一疏。而三思就是发现“一疏”的方法。

在商业活动中，人往往是因为一时头脑发热而上当受骗，而待事过之后，仔细一想，才会发现其中的漏洞，才想到某些值得怀疑之处。但这时受骗已成为事实，追悔莫及。

中华民族的国宝景泰蓝，是华夏千余年来工艺美术的智慧结晶，其制作之精湛，堪称世界艺术的奇葩，一向为世人所瞩目。

一次，一个自称身居东瀛的外籍华人跑到了北京，对我工艺品出口部门信誓旦旦地声称：虽为日本的工艺品代理商，却是“身在曹营心在汉”，必欲弘扬中华民族的传统文化，为大陆的出口创汇尽绵薄之力……

我接待人员不由喜出望外，顿生相见恨晚之憾，连忙满脸堆笑地说：“欢迎！欢迎！”

“我虽然从事工艺品的进出口代理，但一向注重中国景泰蓝的经营。我在中国香港、中国台湾、东南亚有大宗客户，与欧美客商也有广泛联系。”代理商搅动如簧之舌在自我介绍，其实是牛皮捡大的吹。不知就里的接待人员赶忙说：“希望合作，希望合作。”

“景泰蓝是我们祖先留下的非凡之作，炎黄子孙都有责任把它的美妙介绍给全世界。我如果不再做转口贸易，而是直接获得经营的荣幸，将是一生中最大快事，也不枉经商一世！”代理商说明来意。

“对所有惠顾的客商，我们一概提供方便、尽心服务。”接待人员热切地答道。

“我们是不是先谈谈合作意向？比如我要是订购3000万元人民币的景泰蓝，贵方能否在单价上给予优惠？”代理商故意用大宗订单引诱对手上钩。

“3000万？”接待人员从未遇上这样大的买卖，极想把它做成，于是建议说：“我可以跟厂方联系一下，争取以批发价出售，这样在单价方面就会有些优惠了。”

“很好！明天请厂方也来，还请贵方准备一份批发价目表，我希望尽早达成合作意向。”代理商爽快地说道。接待人员在对方的好话中、笑脸里没有看出一丝一毫的歹意，全无防范的心思。

第二天下午，谈判既简短又出乎寻常的顺利，代理商看着批发价目表，挑出热门品种稍作还价便逐项通过，双方很快达成3000万元的订购意向书。接待人员欣喜至极，厂方代表如遇财神，无不企盼订购意向变为实质性的购销合同。代理商却说意向与合同只是一步之遥，应该先为意向的达成而举杯庆贺。

当晚，喜庆宴席在豪华宾馆中排开。接待人员为初步成交而干杯，厂方为财大气粗的买主而祝贺。正当宾主酒酣耳热之际，代理商起身举杯：“我代理过非洲的木雕、爱斯基摩的海象牙雕，此番有幸经营故国的景泰蓝，荣耀可谓无以复加！敝人根据以往的经验，要把这桩买卖做好，必得在广告、宣传中细下工夫。我以为，对景泰蓝的民族特色，应做一番工艺背景的介绍和制作艰难的说明，使洋人切实感到妙不可言，高不可攀！为此，我有一个小小的请求，不知当不当说。”

“有话请讲，只要能办到的，我们绝不会拒绝的。”接待人员回复道。

“先生尽管说出来，我们厂将尽力配合。”厂方代表满口答应。

“我想参观一下景泰蓝的制作过程，将以亲眼目睹的生动事例向客户介绍中国工艺品的妙手独步、巧夺天工！做生意嘛，总得设法让买主惊奇万状，并对他们的购买欲望加点强烈的刺激。不知道我的想法能否行得通?”代理商说罢察言观色，生怕我方识破他那“卑甚以袭，半进半退以诱”的狼子野心。

“符合情理，我方将给予满足。”接待人员自醉不醒地应允道。

“行，我们会做出妥善安排。”厂方代表唯恐失去顺水人情。

观察工艺制作的时间用了整整的一天。

中方人员对参观时间之长，没有一个人感到怀疑；对代理商仔细认真的态度，没有任何人觉得诧异，只是一门心思地想着接待要热情周到，陪同要殷勤、坦诚，以尽地主之谊。代理商一处不漏地细细察看景泰蓝制作的全部过程，一字不放地倾听厂方代表的详尽解释，他频频发出赞叹，连连举起照相机；他询问熟练的操作工人，凡有不清楚的地方还不厌其烦地向技术人员讨教，被咨询者却毫无防范地做着不厌其烦的解答。

代理商满载而归，从此黄鹤一去不复返，留下的那份3000万元的“购货意向书”自然成了无以兑现的一纸空文。然而不久，标有英文字样“日本制造”的景泰蓝，在中国香港、中国台湾、韩国、东南亚的市场上相继涌现，其工艺制作不亚于中国货，但价格略低，成了强劲的竞争对手。我接待人员、厂方代表此时才恍然大悟，愤然痛斥“汉奸”、“卖国贼”!

第七章 投资中的心理学陷阱

伴随着中国经济的持续发展，广大国人的投资需求日益强烈，然而也面临着投资风险的增加。由于投资行为本质上是人类的一种心理活动，所以，了解和掌握投资活动的心理规律与特点，了解引发投资者决策失误的心理陷阱，尤其是有效消除他们心中的种种疑惑，帮助其跨越心中的重重误区、战胜人性的弱点，真正达到超越自我的投资新境界，便具有了重要的现实意义。

1. 恐慌心理：失衡的博弈

房地产市场的火热其实是恐慌性消费、超前消费、投资型购买共同促成的，主要是由恐慌心理引起的。购房者持币观望后，发现房价依旧上涨，出于“买涨不买跌”的心理，出现集中释放。在此观念下，更多的购房者接收的信息是，“你不买，有的是人来买”。这个也许是一种盲目的购买行为，不过这种行为目前也许没有人能把它控制住。

“我想有个家……”相信很多人都深情地唱过这首歌。可是面临现在房价上涨的疯狂，很多人觉得家正离自己越来越远。有个人在网上的博客里说起自己最大的愿望：祈求有一套自己的房子，“如果非要加个期限，希望别超过今生”。在中国传统的观念中，每个人希望自己有所房子，感觉才算是有了一个真正的家。

按正常的情况来说，面对不断飞涨的房价，应该是大家都不愿去买房子，可是我们又经常看到这样的现象，只要是在某一楼盘开始发号销售，总是挤满了购房的人们。

面对这种失衡的博弈，其原因何在？

“再不决定就只能等下期了。”一位售楼小姐在电话中劝说一位买房者赶快“下订”，否则将“越等越贵”。

“真是疯了！”这个白领表示怎么也想不通，他因为犹豫了一周，房子的价格竟然涨了几百元，他形容楼价涨疯了，人们也抢疯了。

售楼小姐的“提醒”让这位先生心里“发毛”，3 月初有家楼盘给他报价7400元/平方米时，他笑着摇摇头“再等等看”；不到一个月已骤升到7800元/平方米；又一周后，仍在犹豫的他被告知部分户型已涨至8200元/平方米。

然而，“房贵”并未影响销量，“销售价格、供应量、销售量”同时上涨，这真是一个奇怪的现象。

“越涨越买，越买越涨”，这个问题说明房价飞涨真正的原因除了一些不良炒房团等因素外，也许真正的原因正是消费者自己的拼抢而更加促使开发商不断地将价钱抬高呢？

“再不买，多少钱都买不着了。”在一次房展会上，一名售楼小姐向访者游说。她的理由是，以后城里面不再批地，就不会再有新楼。这样看来消费者不拼抢也不行了。

从经济学来说，我国的房地产行业不仅关系到国家经济，同时也和普通人的生活息息相关。总体说来，在房地产市场中，政府的作用举足轻重，房地产开发过程中是多方心理博弈。

其实这个博弈是政府、开发商、购房者和金融机构的四方利益博弈心理。该博弈心理模型从国内的大前提出发，从政策的制定到最终落实到购房者，讨论其利益的分配及决策。很明显，购房者在信息获取方面具有劣势，所掌握的信息既不及时，也不全面，仅仅是一些公开或较公开的信息，并且对于购房者整体而言，相互之间没有什么沟通能力，没有信息优势。处于房地产市场博弈心理各方最为被动的地位。

其实全国目前都想达成一个理想的状况。

在中央政府的有序管理与金融机构的大力支持下，开发商能够充分洞察购房者的消费需求与消费能力，科学规划、设计、建设并以合理的价位销售楼盘，那消费者自然趋之若鹜。

2. 趋向性心理：心理会计与投资

投资者往往有一种趋向性心理，面对亏损的股票为了避免出现亏损，就会一直持有，这种坚持性心理是投资的误区。

决策制定者一般都为每一笔投资设置一个单独的心理账户。投资者将每个账户单独处理，却忽视了相互之间的联系。这种心理过程会在许多方面影响投资者的财富。首当其冲的是，心理会计进一步加剧了趋向性效应。因为投资者不想经历懊悔的痛苦情绪，所以选择避免出售亏损股票。出售亏损股票来关闭心理账户的行为会产生懊悔情绪。

现在来看看财富最大化策略所涉及的税收交换行为。税收交换指的是投资者卖出一只亏损股票并买入另一只类似的股票。例如，假设你持有西北航空公司的股票，接着该公司的股票下跌了，与此同时整个航空业股票都在下跌，那么你就可以卖出西北航空公司的股票，并买入联合航空公司的股票。这种税收交换行为可以让投资者抓住西北航空公司的亏损来减少税收，而同时仍然持有航空股并等待航空业的回升。

为什么投资者不经常使用这种税收交换策略呢？一般情况下，投资者认为出售亏损股票就意味着关闭了这个心理账户。这会从两个方面影响投资者：第一，两个账户之间相互作用以增加投资者的财富。第二，关闭亏损账户的行为会导致懊悔心理。投资者倾向于忽略账户之间的互动。因此，投资者会选择回避懊悔的心理，而不是财富最大化策略。

心理预算加剧了厌恶出售亏损股票的心理。让我们来看看人们如何评估付款和收益的时间性。随着时间的推移，将沉淀成本浪费在亏损股票上的痛苦情绪会逐渐降低。与之前相比，投资者后来对出售亏损股票的沮丧心理就不会那么严重。

当投资者决定要出售亏损股票时，他们可能倾向于一天内售出多只亏损股票。投资者如果将这些亏损股票一起卖出可以整合亏损，因此就相当于只经历了一次懊悔的感觉。换句话说，人们会将这些单独的亏损股票账户整合起来，然后将它们一起卖出，以使懊悔心理最小化。相反的是，投资者一般会分几天来完成出售赢利股票的行为，以延长这种良好的感觉。索尼娅·利姆（Sonya Lim）研究了1991—1996年50000家经纪账户的出售股票行为（425000个交易）。她发现投资者很可能在同一天内出售多只亏损股票。相反，投资者在一天里已经卖出一只赢利股票，那么他们在同一天内售出另一只赢利股票的可能性就很小了。她得出这样的结论："投资者可以通过一次一次享受收益的乐趣，来使自己的幸福感达到最大化，然而却是通过整合所有亏损而不是单个亏损，来使自己的痛苦最小化。那么是否有可能将出售赢利股票和亏损股票的行为整合起来以减少懊悔情绪呢？期望理论谈到遭受亏损的痛苦要比收益的乐趣程度高。因此，如果遭受亏损的痛苦大于收益的乐趣，那么投资者就应该分几天来出售亏损股票。如果遭受亏损的痛苦小于收益的乐趣，那么投资者就会将它们合并起来在同一天售出。"

心理会计的狭隘性特点也可以解释如下现象：虽然股市的平均收益率较高，但还是有那么多人不愿意投资股票市场。股票市场风险与投资者的其他经济投资风险几乎没有关系，例如劳动收入风险和房产风险，因此，即使增加小额的股票市场风险，也会使整个经济风险分散化。然而，人们通常用隔绝的观点看问题，这就使股市风险比劳动收入风险和房产风险大得多。

心理会计还会影响投资者对投资组合风险的感知。忽视各项投资之间互动的趋势，会导致投资者误解在现有投资组合中增加一个证券的风险。下一章描述了心理会计如何一层一层建立投资组合。每一层都代表满足不同心理账户的一个投资选择。这种心理会计过程使投资者可以单独实现每个心理账户的目标。这样的话，就无法实现最佳投资组合理论所谈到的分散化的收益。事实上，人们一般不会想到投资组合的风险。

金融顾问建议自己的客户应该投资风险更大一些的股票，来为自己退休以后多存一些钱。如果问道："你是愿意自己的一部分钱冒更多的风险，还是所有的钱少冒一些风险？"人们一般都会选择前面一种情况，因为这与心理账户一致，而后一种情况与现代最佳投资组合理论一致。

3. 博傻心理与羊群效应

人们在不确定下决策时，行为受到其他投资者的影响，模仿他人决策，或过度依赖舆论。因而人们面对类似的信息环境时，会做出类似的行为反应。“羊群效应”导致资产价格不连续的和大幅的波动，破坏了市场的稳定性。

心理学上有种效应叫“羊群效应”，羊群效应是指管理学上一些企业的市场行为的一种常见现象。例如一个羊群（集体）是一个很散乱的组织，平时大家在一起盲目地左冲右撞。如果一只羊发现了一片肥沃的绿草地，并在那里吃到了新鲜的青草，后来的羊群就会一哄而上，争抢那里的青草，全然不顾旁边虎视眈眈的狼，或者看不到其他地方还有更好的青草。

羊群效应一般会出现在一个竞争非常激烈的行业上，而且这个行业中有一个领先者（领头羊）占据了主要的注意力，那么整个羊群就会不断模仿这个领头羊的一举一动，领头羊到哪里去吃草，其他的羊也去哪里“淘金”。

现在电视台为了提高收视率，大搞各种选秀节目，如很火的《红楼梦》选秀，以及湖南卫视的“超级女声”等。“超级女声”在全国有很大的影响力，最后决赛的时候投票人次甚至超过上千万。这让商家很长时间都笑得合不拢嘴。至于最后到底哪位选手的歌喉最优美，最能打动观众，这就要看观众整体的喜好。也许有读者会问，这个和理财有什么关系啊？

其实这与经济学大师凯恩斯曾说过的“美女投票”故事有几分相似。

凯恩斯认为专业投资大约可以比作报纸举办的比赛，这些比赛由读者从 100 张照片当中选出 6 张最漂亮的面礼，谁的选择最接近全体投票者的平均偏好，谁就能获奖；因此，每个参与者必须挑选的并非他自己认为最漂亮的面孔，而是他认为最能吸引其他参与者注意力的面孔，其他参与者也正以同样的方式考虑这个问题。现在要选的不是根据个人最佳判断确定的真正最漂亮的面孔，甚至也不是一般人的意见认为的真正最漂亮的面孔。大家必须做出第三种选择，即运用大家的智慧预计一般人的意见认为一般人的意见应该是什么。

比如在选美比赛当中，最终的结果与谁是最漂亮的女人无关。人们所要关心的是怎样预测其他人认为谁最漂亮，又或是其他人认为其他人认为谁最漂亮。所以，“超级女声”最终结果的预测也并不是看你觉得究竟谁的歌喉最动听，谁的歌声最打动你，而是要判断其他的观众是什么看法。

把这种美女投票的心理运用到股票市场，也具有一些类似的特点。投资要义不在于有些投资者自己对证券价值的挖掘认识，更多的重点是关心其他投资者的看法。也就是说，每个投资者都希望赚钱，可是能否赚钱，不完全取决于某个上市公司的赢利情况，更要取决于其他投资者是否看好这只股票。这就是所谓的“跟风盲从”心理现象。

然而，进一步考虑时，会发现实际的问题更加复杂。因为投资者将全部从相同的角度来看待这个问题。因此，作为股票投资者必须判断的不仅仅是别人是什么想法，而是判断“其他某个人所判断的除这个人自己之外的其他人的想法是什么”。这句话说起来颇有些拗口，实际上，在投资时，没有多少人会去考虑这么多的信息，首先无法收集足够多的背景信息，其次对其他人的想法只是一种猜测，并不一定可以推测出其他人的真实想法。

在这种博弈心理中，“羊群效应”也起着很大的作用。人们在不确定下决策时，行为受到其他投资者的影响，模仿他人决策，或过度依赖舆论。因而人们面对类似的信息环境时，会做出类似的行为反应。“羊群效应”导致资产价格不连续的和大幅的波动，破坏了市场的稳定性。

假设市场上现在有1000个投资者，对一项在新兴市场上投资机会有不同的看法，其中200人认为这项投资有利可图，但其他800人则持有相反的意见。如果将这1000人的意见综合起来看，这项投资肯定是不明智的。然而，在他们信息无法沟通的情况下，如果最初进行决策的投资者是少数的那200人，他们就会进行投资，而另外的800人则逐渐改变最初的心理想法，而跟随着这少数人去投资。这便形成“滚雪球效应”，这种情况下“羊群效应”发生了。这种跟风心理现象也叫“博傻心理”现象。

人们在这种“博傻心理”支配下，股票、房地产等资产价格越高越买，越买价格越高，从而导致金融市场超常规膨胀，引起泡沫经济。比如前两年的房地产市场与更久远的股票市场，在其他商品微幅涨价甚至跌价的时候，价格是大幅度上涨。

最典型的是18世纪英国的“南海泡沫”事件。当时的投资者趋之若鹜，其中包括半数以上的参众议员，就连国王也禁不住诱惑，认购价值10万英镑的股票。由于购买踊跃，股票供不应求，公司的股票价格狂飙，在6个月内从每股128英镑上升到每股1000英镑以上，涨幅高达700%。然而，南海公司的经营却每况愈下，赢利甚微，公司股票的市场价格与上市公司实际经营前景完全脱节。

在南海公司股票价格扶摇直上的示范心理效应下，全英所有股份公司的股票都是投机对象。社会各界人士，包括军人和家庭妇女，后来甚至连大名鼎鼎的物理学家牛顿都卷入旋涡。人们完全丧失理智，他们不在乎这些公司的经营范围、经营状况和发展前景，只相信发行人说他们的公司如何能获取巨大利润，人们唯恐错过大捞一把的机会。一时间，股票价格暴涨，平均涨幅超过5倍。大科学家牛顿在事后不得不感叹：“我能计算出天体的运行轨迹，却难以预料到人们如此疯狂的心理。”

4. 跟风心理与投资泡沫

旁氏骗局，在中国又称“拆东墙补西墙”、“空手套白狼”。简言之就是利用新投资人的钱来向老投资者支付利息和短期回报，以制造赚钱的假象，进而骗取更多的投资。从心理学角度来看，旁氏骗局往往就是利用人们在任何领域获得成功之后，总会有一种自然倾向，采取行动来求得更大的成功，并不断继续下去的心理，又称作“财富效应”。

旁氏骗局是一种最古老和最常见的投资诈骗，是金字塔骗局的变体，这种骗术是一个名叫查尔斯·旁兹的投机商人“发明”的。

查尔斯·旁兹（Charles Ponzi）是一位生活在19、20世纪的意大利裔投机商，1903年移民到美国，1919年他开始策划一个阴谋，骗人向一个事实上子虚乌有的企业投资，许诺投资者将在三个月内得到40%的利润回报，然后，狡猾的旁兹把新投资者的钱作为快速赢利付给最初投资的人，前期投资者获得了巨大的投资回报，就宣称他是投资天才，于是，更多的人被诱使上当。由于前期投资的人回报丰厚，旁兹成功地在七个月内吸引了约4万名投资者，这场阴谋持续了一年之久，被骗金额达1500万美元，才让被利益冲昏头脑的人们清醒过来，旁兹最后锒铛入狱。后人称之为“旁氏骗局”。

查尔斯·旁兹制造的“旁氏骗局”是20世纪最典型的骗局之一，后来的许多骗术都是从“旁氏骗局”衍生出来的。很多非法的传销集团就是用这一招聚敛钱财的。

在前不久南方城市发生的一起女性非法集资引起人们的思考。在浙江丽水被人称为“小姑娘”的杜某，从2003年开始以做房地产项目为名搞非法集资。据有关部门初步统计，受害人遍布丽水莲都、缙云、青田等地，涉案金额约2.14亿元。她从一个开美容院、卖服装、炒店铺的小商贩，在短短几年时间里竟迅速发迹，这就是典型的旁氏骗局或称金融金字塔骗局。在旁氏骗局中，骗局制造者向投资者许诺，投资便能获得极高的收益率，但投资者付出的投资几乎没有甚至根本没有被投向任何真正的资产。相反，骗局制造者将第二轮投资者的部分资金支付给第一轮的投资者，又将第三轮投资者的部分资金支付给第二轮的投资者，依次类推。在最初的投资者赢利之后，他们的成功将会激发更多的投资者参与这个骗局。

当赢利者越来越多，参与者越来越多时，最终整个金字塔不堪重负，轰然倒下，最后一轮的参与者将是整个骗局损失的最终承担者。

这个结果在经济学上被称为“旁氏骗局”。它的形成过程形象地描述了金融市场中由于人的非理性心理因素而导致的投机性泡沫不断扩大，并最终破灭的整个过程。

当然，股票市场和房地产市场毕竟是不同的。股票无论涨到多高，只要继续上涨就不会出现直接的受害者。然而，人们总是要在土地上生存的，遮风避雨的房子也是每个人的必需品。房地产、股票等资产价格的快速上涨，为投资家带来亿万的财富。人们依靠正常的劳动所得的工资收入远远不能与之相比较，这使整个社会的价值观发生混乱。汗流浃背的劳动所得，远不如金钱游戏带来的利益，必然对劳动积极性产生很坏的影响。对于企业也是一样，试问，如果在房地产或股票市场投机所得的收入远高于企业经营管理的回报，还会有哪一家公司认认真真地把企业做好？

在这种情况下，“财富效应”的心理作用开始发生。所谓“财富效应”，即资产诸如股票、房地产的价格高涨可以使人们感到财富增加，从而加大消费动机，刺激消费需求。财富效应、资产泡沫导致人们忽视自己的经济能力，推动消费与投资的增长。对于为数众多的家庭，随着股票、房地产价格的上涨，会大幅度提高消费档次，而消费需求的不断增长又给经济泡沫打上一针兴奋剂。

事实上，在金融市场中，几家欢乐几家愁，总有人大发其财，更有人倾家荡产，这其中的原因并不都是命运，巴菲特、索罗斯就是反例。看来金融市场并不完全满足随机游走的有效市场假设。

在金融市场的炒作中，对预期收益率、预期利率以及一切有关的信息的估计，往往有超常规的放大效应，这使得金融资产如股票的价格不仅变换频繁，而且往往带有惊人的振荡幅度。比如美国道琼斯 30 种工业股票价格指数从 1995 年的 5117.1 点，到 1998 年年中突破 9000 点，只不过两年半的时间，竟然上升了 75%。在亚洲金融危机中，不少国家的股票指数都有一天跌破 10% 的记录。

这种现象，亚洲金融危机的始作俑者索罗斯在其所著的《开放社会——改革全球资本主义》中是这样描述的："我把历史解释成一个反射过程，在这个过程中，参与者带有偏见的决策与一个超出他们理解力的现实相互影响。这种相互影响能够自我加强或自我矫正。一个自我加强的过程不可能永远持续下去而不受到现实世界极限的制约，但它却可以持续足够久远，以至于给现实世界带来重大的变化。当它不能朝着原有的方向发展下去时，就会进入一个相反方向的自我加强过程。"

在现实中，金融市场往往具有一种放大机制。因为过去的价格增长增强了投资者的信心与预期，这些投资者又进一步地哄抬股价以吸引更多的投资者，这种循环不断进行下去，造成一种过激反应。从心理学角度来看这种现象就是，人们在任何领域获得成功之后，总会有一种自然倾向，采取行动来求得更大的成功，并不断继续下去。

在这种情况下，最初的价格上涨导致了更高的价格上涨，因为通过投资者需求的增加，最初价格上涨的结果又反馈到更高的价格中去。第二轮的价格上涨又反馈到第三轮中，接着反馈到第四轮，依次类推。最初的价格上涨的诱发因素被放大很多倍。一旦需求在某个时刻达到顶点后，整个泡沫瞬时崩溃。这就是经济泡沫形成的原因。

5. 禀赋效应对投资的影响

通常情况下，人们希望自己的东西以更高的价格出售，而以更低的价格买东西，这也就是我们所说的“禀赋效应”。与此紧密相关的一种行为就是人们倾向于持有自己的东西而不愿意进行交换，这就是“现状偏差”。

经济学家通过让自己的学生做实验的方法调查了禀赋效应。一个普遍的例子就是给所有学生中的一半人相同的东西，例如大学咖啡杯。接着，为这种咖啡杯创造市场，使那些不需要的学生可以将杯子卖给那些需要但没有的学生。传统的经济学理论预测会有一个固定明确的市场价格，这样咖啡杯就可以转手，也就是说，拥有咖啡杯的那一半学生会将杯子卖给另一半没有的学生。然而，通过反复实验发现，给予杯子的学生通常会叫出那些没有杯子学生的出价的两倍。结果，实际上卖出的杯子很少。经济学家在这些拥有此类交易经验的学生中，用不同的物品反复做了实验，得到的结果却是相似的。

是什么导致禀赋效应的产生呢？是人们高估了自己所拥有物品的价值呢，还是他们与自己的东西分开的痛苦呢？再看看下一个实验。学生们被要求将六种奖品进行排名，最不值钱的奖品是一支钢笔。于是实验者将钢笔给了全班一半的学生，其他学生可以在钢笔和两根巧克力棒之间选一个自己喜欢的，其中24%的学生选择了钢笔。先前发了钢笔的学生如果愿意，可以用它去换巧克力棒。虽然大多数学生将巧克力棒排在钢笔前面，但是发了钢笔的学生中56%的人不愿意交换。这样看来，人们似乎并没有高估自己所持有物品的价值，而是因为他们觉得更不愿意放弃自己的物品。

这种禀赋效应对经常参与现实市场交易中的人来说也是普遍存在。例如，约翰·李斯特用可收集的卡尔·瑞普肯和诺兰·瑞恩纪念品在顾客和经销商之间进行了交易实验。他还在爱普卡特中心的收藏品市场做了同样的实验。这些参与者都比较熟悉交易市场，然而在得到一件收藏品后，很少人愿意用其交换同等价值的其他收藏品。李斯特还发现交易者的经验越丰富，禀赋效应对他的影响就越小。

禀赋效应或现状偏差效应是如何影响投资者的呢？人们有一种倾向就是保持自己已经进行的投资。例如，威廉·萨缪尔森和理查德·泽克豪泽让学生想象自己刚刚继承了一大笔遗产，他们可以将这笔钱投资到不同的投资组合中，他们可以选择中等风险的公司、高风险公司、短期国库券或市政债券。

对于这个问题，采取了许多不同版本的问法。在一些版本中，先告知被测试者继承的钱本来已经投入了高风险的公司。在另外一些问法中，继承的钱是以其他的投资形式出现的。如果继承的钱已经投入高风险的公司，那么选择投入高风险公司的人就更多。短期国库券也是一样。显然，短期国库券和高风险公司的预期风险及收益是不同的，但是被测试者受到现状的影响要远远大于他们自己的风险和收益目标。金融顾问告诉我们他们的客户中大多数人愿意从股市的年末红利中拿出100000 美元用于赌博，而继承的钱里他们一般会拿出 100000 美元去开户存款。他们说："我不能用那笔钱来冒险，那是父母辛辛苦苦赚的钱。"

随着投资的选择增加，现状偏差的影响也增大了，也就是说，决策越复杂，测试者就越可能选择什么也不做。现状中投资者的选择包括成千上万的公司股票、债券和共同基金。所有这些选择让投资者不知所措，结果他们往往选择的是保持不变。但是当投资出现亏损之后，这就是一个重要问题了，因为出售亏损股票会产生懊悔情绪并遭受失去原有东西的痛苦。

6. 彩票与投机心理

这些年，随着国家博彩业的不断开放，很多人加入了买彩票的行列，大部分人把它看做是一种投资。渴望一夜暴富，一把改变命运。甚至有人为此过了头，掉入了投资的陷阱。用大量的钱财去买彩票的投机心理是不可取的。

在前不久震惊全国的金融盗窃案就是利用自己在银行工作便利之际，把公款拿去购买彩票去了。其实，他就是抱着能中大奖的心理，把钱挣回来。

然而，从数学的角度来看，在买彩票的路上被汽车撞死的概率远高于中大奖的概率。每年全世界死于车祸的人数以几十万计，中了上亿美元大奖的却没几个。死于车祸的人中，有多少是死在去买彩票的路上呢？这恐怕难以统计，因而“死于车祸多于中奖”也成了无法从当事人调查取证的猜想。

实际上，彩票中奖的概率远比掷硬币，连续出现 10 个正面的“可能性”小得多。如果你有充裕的空闲时间，不妨试试，拿一块硬币，看你用多长时间能幸运地掷出自始至终的连续 10 个正面。实际上，每次抛掷时，你“幸运”地得到正面的可能性是 1/2，连续 10 次下来都是正面的概率是 10 个 1/2 相乘的积，也就是 1/1024。

在概率论里，“买彩票路上的车祸”和普通的车祸是完全不同意义的事件，是有条件的概率，这个概率是建立在“买彩票”和“出车祸”两个概率上的概率。不管怎么说，这都应该是一个极小的概率，它的概率比中大奖居然大，可见中大奖的难得和稀奇。

用大量的钱财去买彩票的投机心理是不可取的，如果只不过想自己娱乐一下，一次花个几块钱也未尝不可，但是千万不可沉迷于此，甚至为此而倾家荡产。

7. 代表性思维误区

心理学家的研究显示：大脑一般使用捷径来简化分析信息的过程。这些捷径使大脑可以在完全掌握这些现存信息的情况下产生一个大概的答案。捷径的两个例子就是代表性思维方式和熟悉性思维方式。大脑利用这些捷径可以组织并迅速处理大量的信息。然而，这些捷径也让投资者难以正确分析新的信息，这就可能导致错误的结论。

大脑一般会假定，拥有相似特征的事物就是相同的。代表性思维就是基于固定思维模式的判断。看看以下的例子。

玛丽是一个文静、勤奋并且关心社会问题的女孩。她本科就读于伯克利大学，主修英语语言文学和环境学。了解这些信息后，看看以下三种工作中，她最可能从事哪种工作：

A. 玛丽是图书馆的管理人员。

B. 玛丽是图书馆的管理人员，同时也是山地俱乐部的会员。

C. 玛丽在银行部门工作。

笔者就此问题询问了主修投资学的本科生、工商管理硕士以及金融顾问。三组被调查对象中，都有一半以上的人选择了 B，即玛丽是图书馆的管理人员，同时也是山地俱乐部的会员。人们选择这个，是因为这两项工作是勤奋且关心社会问题的人会选择的代表性工作，但是问题问的是哪一种工作的可能性更大，而不是哪一种工作让玛丽更开心。

答案 A 的可能性比答案 B 更大，因为如果玛丽是图书管理员和山地俱乐部成员，那么她就一定是一名图书管理员，也就是说，答案 A 是答案 B 的一部分，因为答案 B 包括了答案 A，所以答案 A 的可能性就更大一些。1/3 ~ 1/4 的被调查对象认识到了这一点，所以他们选的是答案 A 而不是答案 B。

但是，最好的选择其实是答案 C——玛丽在银行部门工作，因为在银行工作的人要远远多于在图书馆工作的人。事实上，许多人在银行相关部门工作，所以一个人在银行机构工作的概率要比在图书馆工作的概率大得多，但是，因为在银行工作与之前对玛丽的描述不相符合，也就是说不代表我们大脑的思维捷径，所以很少人会选择答案 C。

代表性思维与投资有着密切的关系，投资有可能陷入代表性思维的陷阱。

人们在金融市场也可能会犯代表性思维错误。例如，人们往往将一个好的公司与一项好的投资相混淆，好公司指的是一个能大规模赢利、销售快速增长以及管理有序的公司；而好的投资指的是该股票比其他股票上涨得都快。一个好公司的股票就一定是好的投资吗？答案可能是否定的。

按照公司过去的持续收入增长对股票进行分类，忽视了这样的一个事实：很少有公司能在过去一直保持高速的增长。但是，高速增长的公司的股票很受大众欢迎，这就使其股票价格被抬高了。随着时间的推移，投资者会发现自己原先对未来增长的预测过于乐观，接着股价开始下跌，这就是所谓的“过度反应”。

三位金融经济学家研究了这一问题。约瑟夫·拉克尼斯克（Josef Lakonishok）、安得瑞·史利福（Andrei Shleifer）和罗伯特·维斯尼（Robert Vishny）（以下简称 L，S & V）研究了通常被投资者认为是成长股的股票市场的一些表现。他们将成长型股票贴上“热门股”的标签。表现最差而且增长后劲不足的股票被贴上“价值股”的标签。投资者认为成长型公司就是公司业务持续上升的公司。L，S & V 计算了过去五年所有公司销售业绩的平均增长率。平均增长速度居前 10% 的公司股票被称作“热门股”，而平均增长速度居后 10% 的公司股票被称作“价值股”。投资者下一年应该选择“热门股”还是“价值股”呢？下五年呢？

衡量热门股和价值股的另一种方法是市盈率。市盈率高的公司股票比市盈率低的公司股票更加热门。表现好的公司并非总是好的股票。投资者常常错误地认为过去业绩好的公司一定代表将来的业绩好，却忽视了不符合这种观点的那些信息。过去业绩好的公司不会永远表现很好，正如过去业绩差的公司也不会永远表现很差。

当投资者考虑股票过去的收益率时，也犯了这种推断性错误。例如，过去3~5年一直表现较差的公司被称作“输家”；相反，过去3~5年一直表现较好的公司被称作“赢家”。投资者往往猜测过去的收益率也代表了他们将来期望得到的收益率。投资者喜欢追逐那些“赢家”股票或者是购买价格正在上升的股票，但是买入“输家”股票在接下来的三年内比买入“赢家”股票的收益率要高30%。共同基金的投资者也会犯同样的推断性错误。列在杂志和报纸上的最近表现前五名的共同基金往往会吸引大批新的投资者，这些投资者也是在追逐“赢家”。

事实上，这种投资方式非常流行，它还有自己的名字：“式头投资”(Momentuminvesting)。采用“式头投资”的投资者一般会寻求那些在过去一周、一个月或者一个季度表现较好的股票和共同基金。式头交易员则寻求在过去几个小时或者几分钟内表现较好的股票和基金。媒体又加剧了这种偏差的影响。例如，《华尔街日报》每天都会报道前一天增幅最大的股票，而CNBC则报道当天股价变化最大的股票。

总的来说，投资者认为一个公司过去的业绩和股票过去的表现情况就代表了将来的预期表现。不幸的是，从长期来看，公司通常倾向于保持平均增长水平。也就是说，那些快速增长的公司发现竞争日趋激烈之后，会放慢发展的速度。这样，就会使投资者感到失望，因为股票的表现没有像他们预期的那样好。

8. 将“陷阱”伪装成“机会”

有的人总存在侥幸心理，总以为世界上有天上掉馅饼的好事。为了占便宜，他们往往丧失了理智，最后终于落入骗子的圈套。有些坏人善于玩心理战术，将“陷阱”伪装成“机会”呈现在你面前，千万别一时被利益蒙蔽而上了当。

张老板因为年纪比人家大，读的书又多，是朋友口中的前辈，讲起企管理论也头头是道，朋友都把他视为企业经营的老师，常请教他经营上的问题。

张老板在一次度假时，认识了经营温泉度假公寓的郑先生，因为此项生意家家爆满，又看到郑先生外表忠厚老实，服务热诚，就随口说了一句：“你应该扩大规模啊！”郑先生就说：“早就想扩大，但是缺资金。”张老板一向觉得自己在投资方面眼光独到又很敏锐，直觉闪过一个念头：“如果我参与投资，把这里当做别墅，假日就可以来度假，年终还能分红。”居然忘了自己讲了一辈子的信条——做生意一定要独资。张老板一时兴起，当晚很快地就跟郑先生谈好合作扩充规模经营的计划。

张老板投资了300万元，双方议定各占一半股权，由郑先生负责经营，有什么决策双方商量决定。郑先生说目前每月业绩100万，大概可以净赚二成，如果把隔壁租下来，这样增加一倍规模，业绩可能有上升一倍的机会。张老板又犯了一个错误是“没有要求看报表”，因为看郑先生说话温和老实，就很自然地相信他不会骗人。在现实中，很多人由于第一印象好而主观臆断对方是好人，不会骗人，从而在生意决策时，就容易这么轻率。

正式投资后立即扩大经营规模，张老板投入的资金，有一半用在购买郑先生的股权，一半用在装潢新公寓和新增设备，才两个月就花光了。有天早上郑先生打了一通电话给外地的张老板，找他调 50 万给公司周转，张老板连忙赶到郑先生那里送钱，并且想了解“为什么郑先生身为经营者会没周转金，当初不是拿回 150 万吗?”这时张老板才知道，原来郑先生当初创业向人家借了很多钱，他把张老板买股份的现金转手就还光了，而自己店里生意只有寒冷旺季才做得到 100 万，平常才七成，勉强收回成本而已，如今虽然规模上有所扩张，但生意也没好多少，开销却平添好多，竟然开始亏损。

张老板生气地说：“我看你老实，没想到你骗我。”郑先生急了哭着说：“我没有骗你，我想你可能没听清楚，这样好了，你投资的 300 万算我跟你借，你不要投资，我写借据分期还你好了。”张老板心想：“这样经营下去铁定关门，肯定又是一笔烂账，干脆算借钱，300 万清清楚楚。”于是双方又改签了一张借据，言明郑先生先付一笔 100 万，然后分期每月摊还 5 万元加利息，张老板松了一口气回去了。

隔了两个月，第三个月起，张老板收不到钱，才知道郑先生不仅欠他一个人的债务，而且还欠着好多人债务，已逃躲到外地去了。

当一切都很顺利地进行的时候，别高兴太早，也别轻易放松警惕，一片繁荣的背后难免暗藏着危机！尤其是在做生意时，是机会还是陷阱，一定要擦亮眼睛。

9. 投资与风险的心理博弈战

根据正常人的风险规避心理，我们在投资股票的过程中可以有意识地利用这一点来进行心理博弈。

很多人都有类似的经历，总是抱怨老天爷跟自己唱反调，为什么自己总是一买了股票就下跌，一卖了股票就上涨？举一个明显的例子，假设你约了朋友看电影，说好了晚上7点在电影院前见面碰头。可是，左等右等到了8点还没来。可当你前脚一走，你的朋友就上气不接下气地赶到了。你是不是曾经遇到过这样的事情呢？其实，这跟在股票市场的状况是非常类似的，这不是运气的问题，也不是凑巧，而是与你在面对可能的付出与面临的风险之间的心理博弈战有关。如果你为自己定一个目标，到7点半朋友不来，你就走，那么这场心理博弈就不会那么激烈，也就不会出现“你前脚走，后脚朋友来”的情况，股票投资也是一样的道理。

因为，股市中的机会总是同风险相伴而生的，多抓机会就是多抓风险。技巧娴熟的投资者喜欢在挑战风险中体验玩股票的乐趣，但是这类投资者还有一个更大的优点常常被人们忽略，那就是一旦踏错敢于割肉而逃。这也是一种平衡投资与风险的方法。所以，在投资股票时，就应谨慎地对待投资机会，东抓西抓不如一把抓准。投资者制订投资计划时，应该客观地分析自己承受风险的能力和应对市场交易的能力，要大体清楚自己承受投资风险的心理与资金承受能力是强还是弱或者一般。要避免过度投资的冲动和过高估计对投资风险的承受能力。在股票市场上，有白相股票的投资者，也有被股票白相的投资者。白相股票的投资者如鱼得水，悠悠闲闲赚大钱，被股票白相的人天天忙出忙进，赚来赚去只赚点零花钱。有人说这是水平的问题，也有人说是运气的问题，其实这是投资与风险的心理博弈问题。

在实际的操作中，还要涉及一个心理博弈的问题。比如，我们必须到医院接受一个危险的手术治疗。医生介绍进行这个手术时，利用一种辅助设备是有好处的。这种设备现在有两个品牌的产品，使用方法和有关技术指标都一样，价格也都是 500 元。医生说：如果使用了甲设备后，能使手术的成功率从 80% 提高到 90%，即增加 10% 存活率；如果不使用乙设备，病人手术的成功率会从 90% 减少到 80%，即会减少 10% 存活率，增加 10% 死亡率。如果让人们选择，会选择使用哪个设备呢？答案是 80% 的人会选择使用乙设备。

这就是一个规避风险的心理博弈问题。实际上甲乙两个设备对手术治疗成功率的影响是完全一样的，但是，给人们造成的心理影响是不同的，这就是正常人规避风险的心理。这种心理用于股票投资就是投资和风险的不对称性。同样的一个东西，人们失去它所经历的痛苦要大于得到它所带来的快乐。同样一只股票，人们经历亏损的痛苦要大于获利的欢乐，即投资者更在乎“风险”，经常会无意识地尽量避免“风险”，就像以上的第二种说法强调了死亡率，人们更在乎这一风险。

风险决策中常常存在以下几个心理现象：面对决策中的风险，应采取什么样的态度；什么时候或什么条件下会表现出风险规避；什么情况下又会表现出风险喜好，即更愿意冒风险。一般有下列的规律：

在“获利”时，会表现出风险规避，在“损失”时会表现出风险喜好。单纯这样说不太容易让人理解，通过以下的例子就很容易明白了。

①假如你现在手头有现金 10 万元，有两只可能获利的股票供你选择：如果你选择投资 A 股票，可以保证收益 1 万元；如果选择投资 B 股票，有一半的可能性会一无所获，也有一半的可能性会收益 2 万元。请问你选择哪只股票？

②假如你现在手头有现金 10 万元，面对两只可能投资的股票，有

以下两种选择：如果你选择投资A股票，肯定会损失1万元；如果选择投资B股票，有一半的可能性没有任何损失，也有一半的可能性会损失2万元。如果你必须要选择的话，请问你选择哪只股票？

经过调查，对第一道题目，80%的人会选择投资A股票；对第二道题目，有80%的人会选择投资B股票。因为在第一道题目中，人们感觉总体上是有收益的，是“获利”的，既然是“获利”，那就选择不冒风险的方案、更稳妥的项目，选择A股票。而在第二道题目中，人们的总体感觉是要冒风险的，是会有损失的。既然有损失，那就不如选择一个损失最小，或者有可能没有损失的方案，冒险“赌”一下是值得的，就会选择B股票。

以上的这种投资与风险的博弈心理，在股市的投资决策和管理中，会给股民一些启示。但是，有时候“获利”和“亏损”不是那么容易判断出来的，往往需要一个参照点，和参照点比较，才能更容易地判断它的获利与风险。通过制订不同的目标值，即你的止损点或者预期收益点，来影响投资者的得失判断，进而影响投资者对待风险的态度：是谨慎从事还是更趋于冒险。张鼎城的股票投资就是一个例子。

张鼎城有资金10万元，有两种股票投资方案可供选择：甲股票是稳定增值，但是每天上涨的比率只有百分之零点几。但是依照普遍的投资思路，基本有把握一个月实现获利2万元，风险比较低；乙股票风险比较大，需要采取新思路去管理这只股票。即便如此，也只有50%可能性一个月内获利3万元，当然，也有50%可能性被套牢。面对以下两种情况：一是将预期获利定在较低水平，比如，一个月内获利1万元就抛出；二是将预期获利定在较高水平，比如，一个月内获利达到3万元才出仓。在此两种目标情况下，张鼎城会怎么选择呢？显然，第一种情况下他更易选择获利少但风险也小的甲股票。因为，目标较低，反正比较容易获得，不用冒太大风险；而第二种情况下更易选择风险较大、获利概率较高的乙股票。因为预期获利的目标较高，较难达成，“损失”的概率也大，索性冒险干一次，也许会获得更好的收益，这是一种纯粹的赌博心理。

事实上，不管是稳定型投资还是激进型投资，最核心的是对风险的控制。我们知道股票市场有很多种风险，比如说大盘风险、个股风险、信用风险、流动风险等，但不管是主动型投资、被动型投资、长期持有还是短期买卖，只要你能够知道你所进行投资的潜在风险，而又有相对应的降低风险的措施，你就是理性投资，否则，就是在投机。要想规避风险就要分清市场中哪些是买方的意见，哪些是卖方的意见。对于像瑞银这样的大型机构，本身有资产管理的业务，同时也有投资银行的业务。当它做资产管理业务时，通过基金和自营盘买入股票，这个时候是买方；但在做投资银行承销上市公司股票的过程中，它的一项重要工作是向市场推介股票，这时它又是一个卖方。当它的意见来自于卖方的观点的时候，很难保证它的观点的中立性。

10.“大钞博傻”的心理误区

社会心理学家泰格曾对参加“百元大钞拍卖游戏”的人加以分析，结果发现掉入“陷阱”的人通常有两个动机：一是经济上的，一是人际关系上的。

在某鸡尾酒会上，张先生从口袋里掏出一张百元大钞，向所有的来宾宣布：他要将这张百元大钞拍卖给出价最高的朋友，大家互相竞价，以5元为单位，到没有人再加价为止。

出价最高的人只要付给张先生他所开的价码即可获得这张百元大钞，但出价第二高的人，虽无法获得百元大钞，仍需将他所开的价码如数付给张先生。

这个别开生面的“以钱买钱”的拍卖会，立刻吸引了大家的兴趣。开始时，“10元”、“15元”、“20元”的竞价声此起彼伏，到价码抬高到“50元”时，步调缓和了下来，只剩下三四个人在竞价。最后只剩下王先生和林先生在那里相持不下。

当王先生喊出“95元”时，张先生弹一弹他手上的百元大钞，暧昧地看着林先生，林先生似乎不假思索地脱口而出：“105元!”这时会场里起了一阵小小的骚动。张先生转而得意地看着王先生，等待他加价或者退出，王先生咬一咬牙说：“205元!”人群里起了更大的骚动，林先生摆一摆手，喝口啤酒，表示退出这个“疯狂的拍卖会”，大家才松了一口气。

结果，王先生付出“205元”，买到那张“100元”的钞票，而林先生则平白付出了“105 元”。两人“平分秋色”，各损失的“105 元”都纳入了张先生的荷包。

这个博傻游戏是耶鲁大学经济学家苏必克发明的，想拍卖钱的人几乎屡试不爽地从这拍卖会里“赚到钱”。它是一个具体而微妙的“人生陷阱”，参与竞价的林先生和王先生在这个“陷阱”里越陷越深，不能自拔，最后都付出了痛苦的代价。

自古以来，人类为捕杀动物所设的“陷阱”，通常有下列三个特征：

①有一个明显的诱饵。

②通往诱饵之路是单向的，可进不可出。

③越想挣脱，就越陷越深。

人类博傻的大小“陷阱”多少也与此类似。

社会心理学家泰格曾对参加“百元大钞拍卖游戏”的人加以分析，结果发现掉入“陷阱”的人通常有两个动机：一是经济上的，一是人际关系上的。

经济动机包括渴望赢得那张百元大钞、想赢回他的损失、想避免更多的损失；人际关系动机包括渴望挽回面子、证明自己是最好的玩家及处罚对手等。百元大钞就是一个明显的诱饵。

开始时，大家都想以廉价而容易的方式去赢得它，希望自己所出的价码是最后的价码，大家都这么想，就不断地互相竞价。

当进行一段时间后，也就是出价相当高时，相持不下的两人都发现自己掉进一个陷阱中，但已不能全身而退，他们都已投资了相当多，只有再增加投资以期挣脱困境。

当出价等于“奖金”时，竞争者开始感到焦虑、不安，发现自己的“愚蠢”，但已身不由己。

当出价高过奖金时，不管自己再怎么努力都是“损失者”，不过，为了挽回面子或处罚对手，他不惜“牺牲”地再抬高价码，好让“对手损失得更惨重”。

人生到处有陷阱，如何避免掉入这类“陷阱”，也是一门不小的学问，心理学家鲁宾（J. K. Rubin）的建议是：

①确立你的底线及预先的约定：譬如投资多少钱或多少时间？

②底线一经确立，就要坚持到底：譬如邀约异性，自我约定“一次拒绝就放弃”，不可为“五次里面有三次拒绝才放弃”。

③自己打定主意，不必看别人：事实证明，两个陌生人在一起等公车，“脱身”的机会就大为减少，因为“别人也在等”！

④提醒自己继续投入的代价。

⑤保持警觉。

这些方法都很容易理解，但“知易行难”，一旦掉进人生的陷阱，抽身是不太容易的。

11. 影响投资的几大心理学效应

赌场的钱效应、蛇咬效应、试图翻本效应严重影响着人们的投资行为。

（1）赌场的钱效应

在人们获得收益或利润之后，他们愿意承担更大的风险。赌博者将这种感觉称为用赌场的钱赌博。在赢了一大笔钱之后，业余赌博者不会将新赢来的钱完全视为自己的钱。你用谁的钱会更愿意冒险，对手的还是自己的呢？因为赌博者一般不会将赢来的钱与自己的钱混为一起，所以他们用赢来的钱赌时，似乎是用赌场的钱在赌。

假设你刚刚赢了15美元。现在你有机会对一枚硬币的正反面下注，赌注是4.5美元，那么你会下注吗？参与活动的经济学本科生中77%的人下了注。在刚刚赢了15美元意外之财后，大多数学生都愿意冒险。相反，如果没有赢15美元的情况下让他们赌博，这些学生中只有41%的人选择了参加赌博游戏。即使学生们并没有冒险的爱好，在赢了意外之财后，他们也更愿意冒险。

（2）蛇咬效应

在经历了经济亏损后，人们会变得更不愿意冒险。这次让先前输了7.5美元的学生下注抛硬币。这次大多数（60%）的人拒绝了，先输了钱的学生可能会有“被蛇咬”的感觉。

蛇通常不会攻击人，但偶然发生后，人们会变得加倍小心。同样地，当有些人非常不幸损失了钱后，他们常常感到晦气还会跟着来，所以设法规避风险。

（3）试图翻本效应

输了的人并非总是规避风险。人们通常在亏损之后，会寻找新的机会以弥补损失。在输钱之后，大多数学生愿意选择以双倍赌注玩这个游戏。事实上，即使得知这种硬币不公平，大多数学生仍然愿意参与。也就是说，虽然那些学生知道他们赢的机会还不到50%，但是他们还是愿意冒险。翻本效应似乎比“蛇咬”效应影响更大。

这种翻本效应还可以从另一个例子里看出来，这就是赛马。在头一天赌马输钱之后，赌博者可能更愿意参与赔率高的赌博。15∶1 的赔率意味着如果你赌马赢了，原先下注的 1 美元就可以翻成 30 美元。当然，15∶1的赛马赢的机会是很小的，但是与比赛刚开始的时候相比，人们似乎更愿意在临近比赛结束时在赔率高的赌博上下注。不管是那些才赢钱的人（“赌场的钱”效应），还是输钱的人（翻本效应），他们都更可能去冒这种险。赢钱的人冒险是因为他们觉得自己是用赌场的钱玩，输钱的人冒险是因为他们想找机会翻本又不愿意冒太大的险，之前没有大赢或大输的人则一般不会冒险。

厌恶风险的程度在一个非常流行的电视节目中可以得到解释。该节目名叫“赌，还是不赌”。在节目里，挑战者自己挑选一个包，里面的钱数目不详。接着，你打开剩余的 25 个包里的 6 个，并将其排除在游戏之外。在这个美国版的节目里，包里的钱数目不一，从 0. 01 美元到 1000000 美元不等。拿到 6 个包后，剩下的 20 个包里的钱数目不明。然后，提供给挑战者一笔钱，他可以拿着这笔钱离开，那么他是会拿着“固定的钱”离开，还是选择继续赌一把呢？假设赌博游戏的期望值是 50000 美元，而提供给挑战者的是 30000 美元，这样提供的钱就相当于赌博期望值的 60%。高度厌恶风险的挑战者可能会拿走提供的钱，而不那么厌恶风险的竞争者则会继续打开更多的包。打开钱更多（或更少）的包，将降低（或提高）下笔提供的钱的数额。

对“赌，还是不赌”节目的一篇分析，显示挑战者厌恶风险的程度取决于他们之前经历的结果。具体地说，如果一名挑战者不幸打开一个数目较大的包，那么提供给他的下一笔钱就会比前一笔少，因为挑战者瞄定的是前一笔钱的数目，那么新的这笔钱对他来说似乎是亏损了。在这种情况下，极少有挑战者会拿了钱而结束游戏，而是选择继续赌，以图弥补损失或者说翻本。再看看先前 50000 美元的赌注，假设剩下的两个包里分别装有 100000 美元和 0.01 美元，如果可供拿走的固定数额是 60000 美元会怎么样呢？虽然其他情况不变，几乎人人都会选择拿走 60000 美元，而不愿参与这个冒险的赌博，因为他的回报率太低。如果最后提供的钱变为 90000 美元，情况则会发生改变，“翻本”的欲望会使挑战者选择继续赌。在看到期望回报率（也就是接下来提供的这笔钱）发生变化后，他们似乎就愿意冒险了。

最后，让我们看看芝加哥期货交易所里那些国库券期货交易的专业的全职资金交易员的行为。这些交易员一般通过持有风险头寸及提供“做市”服务以获得利润，所有这些头寸通常在一天交易结束时平仓。

对于这种当日获利的交易，当早上亏损之后，这些交易员在下午会做什么呢？1998 年，乔舒亚·科沃尔和泰勒·沙姆韦对 426 名此类交易员所做的交易进行了调查。他们发现如果早上亏损，他们下午就可能增加冒险程度以期弥补亏损。另外，这些交易员也更可能与其他资金交易员进行交易（而不是让市场上的投资者进一步投钱），然而，从平均水平来看，这些交易最后都是失败的。这也就解释了在遭受亏损之后投资者行为可能发生的改变。

对投资者的影响“赌场的钱”效应预测，投资者在结清一笔获利的头寸之后，更可能买入风险更大的股票。换句话说，在售出赢利股票并获得利润之后，投资者更可能买入风险更大的股票。请注意，该行为进一步夸大了过于自信行为，因为过于自信的投资者交易频繁且愿意买入风险更大的股票。

“蛇咬”效应同样会影响投资者。新的投资者及保守的投资者可能会采取一种“试一试股市”的态度。对长期投资者来说，在投资组合中买进一些股票不仅可以分散投资风险，还可以提高预期收益。然而，如果那些股票的价格迅速下跌，首次投资股票的投资者会觉得像被蛇咬过一般。假设一名年轻的投资者第一次炒股。他以每股 30 美元的价格买入一家生物科技公司的股票。3 天之后，股价跌至每股 28 美元，他就惊慌地抛售了股票。后来股票上涨至每股 75 美元，但是他已经害怕涉足股市了。

谈判中的心理学陷阱

谈判无小事，凡事要精心盘算。谈判中处处都是陷阱，不懂心理学就不会在谈判中获利，谈判中心理学的运用包括很多方面，诸如谈判时机、谈判战术等。谈笑风生中尽藏玄机，双方都有自己的小算盘，谁技高一筹，谁就能稳操胜券。

1. 利用疑心效应，顺势使其产生错误判断

采用“不经意”的方式使你知道还不是最好的办法。因为，毕竟还是你自己说出来的。如果能制造一个假象，引起你的疑心，让你自己通过判断得出结论，你就会陷入谈判的陷阱。

（1）欲擒故纵

无论内心多么着急，多么迫切地希望对方答应自己的请求，表面上还要装出若无其事，一点不着急的样子，这叫“欲而示之不欲”或“欲擒故纵”。

例如，有一次，日本一家DC公司面临着破产的威胁，必须把公司的全部产品尽快卖出去。公司经理山本村不得不飞往美国，与急需他公司产品的某公司谈判。不料美方已探明DC公司的底细，竭力压价。山本村只有两种选择：不卖，听凭公司资金无法周转而步入绝境；或者以低价卖掉，忍受元气大伤甚至一蹶不振的痛苦。山本村于是施展“厚黑绝学”，尽管内心十分痛苦，表面上却照样谈笑风生。

（2）故布疑阵

使对方对你产生判断错误，误以为你还有更强的后台，他只是其次。

例如，山本村对美方谈判代表的各种要求似乎都没有加以郑重考虑，却一遍又一遍地问秘书：“你再去看看飞往韩国的机票是否已经准

备好了。如果已拿到机票，我们明天就走，那里的生意可是一分钟也耽搁不起的。”这就是在“故布疑阵”。

就这样，美方代表“坚信”自己的判断：山本村对于同美方的这桩生意兴趣不大，成不成对他都无所谓。他极有可能还会突然离开美国前往韩国。

美方代表急忙拨直线电话报告总裁，询问怎么办。总裁马上下令：“按正常价格尽快谈成这笔生意。”结果，这家公司从崩溃的边缘重新振作起来了。

2. 冷热水效应：谈判制胜的策略

一杯温水，保持温度不变，另有一杯冷水、一杯热水。当先将手放在冷水中，再放到温水中，会感到温水热；当先将手放在热水中，再放到温水中，会感到温水凉。同一杯温水，出现了两种不同的感觉，这就是冷热水效应。

这种现象的出现，是因为人人心里都有一杆秤，只不过是秤砣并不一致，也不固定。随着心理的变化，秤砣也在变化。当秤砣变小时，它所称出的物体重量就大；当秤砣变大时，它所称出的物体重量就小。人们对事物的感知，就是受这秤砣的影响。在现实中，要善于运用这种冷热水效应。

人际交往中，这种策略的应用不计其数。人常说的置之死地而后生也是这样的原理，先让你难以办到，失望以后，再给一个平常的条件，这时候你就会很高兴地接受了。这样达到的效果比直接给出那个条件的时候达到的效果更好，说得深一点就是人都有害怕失去的心理，当你的条件越差的时候，他已经潜意识接受了，你再给他一个稍好一些的，当然就会从心里接受了。

一位哲人看见一位生活贫困的朋友整天愁肠百转，一脸苦相，他就想出了一个办法让他快乐起来。他对这位朋友说："你愿意不愿意离开你的妻子？愿意不愿意丢弃你的孩子？愿意不愿意拆掉你的破房？"朋友一一答"不"。哲人说："对啊！你应该庆幸你有一位默契的伴侣，庆幸有一个可爱的后代，庆幸有一间温暖的旧屋，你应该为此高兴啊！"

于是，这位朋友的愁苦脱离了眉梢，忧郁离开了额头。

鲁迅先生说："如果有人提议在房子墙壁上开个窗口，势必会遭到众人的反对，窗口肯定开不成。可是如果提议把房顶扒掉，众人则会相应退让，同意开个窗口。"鲁迅先生的精辟论述，谈的就是运用冷热水效应去促使对方同意。当提议"把房顶扒掉"时，对方心中的"秤砣"就变小了，对于"墙壁上开个窗口"这个劝说目标，就会顺利答应了。冷热水效应可以用来劝说他人，如果你想让对方接受"一盆温水"，为了不使他拒绝，不妨先让他试试"冷水"的滋味，再将"温水"端上，如此他就会欣然接受了。

夏厂长经过慎重考虑，决定给刚刚聘请的技术员小宫12000元的年薪，这个薪金数虽然不高，但夏厂长认为小宫会接受的，唯一担心的是怕这个问题处理不好，影响他的积极性、创造性。老成持重的夏厂长想出了一个妙法，他对小宫说："基于咱们厂的实际，只能付给你8000元的年薪。"稍一停顿，夏厂长接着说："不过12000元也可以考虑，你认为如何?"小宫一听"8000元"，就有点儿不乐意，"秤砣"随之缩小了，当听到"12000元"时，心里就有点儿高兴了。他爽快地说："我听厂长您的。"夏厂长说："12000元相对于厂里的其他人员来说，已经很高了。实话和你说，我这个做厂长的对此也犹豫不决，不过，只要我们齐心协力，顽强拼搏，就是砸锅卖铁，我也要把12000元钱发到你的手上。"小宫心里觉得热乎乎的。

在这个事例中，夏厂长运用了冷热水效应，使对方对并不算高的薪金数，不但不灰心丧气，反而心情愉快。夏厂长的谈判就算是成功了，冷热水效应用好了，就会在谈判中让别人很高兴地与你达成协议。

同样，做生意谈判的时候，如果不断地提出苛刻的要求，对方会觉得很难满足，然后在别人一筹莫展的时候，把另一份合同书拿出来，说降低一点要求也可以。对方一下子会觉得"柳暗花明又一村"，就欣然同意了。其实第二份合同书才是真正想要对方签的。

你可以向对方提出一个让对方觉得不可能的价格，让对方觉得你们的谈判很可能谈不成了，这个时候抓紧机会，把你真正想给的价格提出来，做出很委屈的样子，这样对方就会觉得真的是这样了，没有别的办法，干脆痛快地接受了。

老陈、老时是一家大型化工厂的谈判高手，这对黄金搭档一出马，几乎没有谈不成的业务，他们深得公司员工的尊重和信赖。原来，他俩人十分擅长运用冷热水效应去说服对方。一般地，两个人一起出去谈判的时候，老陈总是提出苛刻的要求，令对方惊慌失措、灰心丧气、一筹莫展，也就是在心理上把对方压倒。当对方感到“山重水复疑无路”时，老时就出场了，他提出了一个折中的方案，当然这个方案也就是他们谈判的目标方案。面对这个“柳暗花明又一村”，对方就会愉快地签订合同。

在这种阵势面前，就是该方案中有一些不利于对方的条件，对方也会认为折中方案非常好，从而接受。这的确是一种奇妙的谈判技巧，预设的苛刻条件大大缩小了对方心中的“秤砣”，使得对方毫不犹豫地同意那个折中的方案。这种谈判技巧，在商业洽谈中可以发挥巨大作用。

学到这样一种谈判方法是很有用的，适当的时候你也先给别人一盆“冷水”，让他冷得不行的时候，再给他一盆“温水”，让他对你感激不尽。人际交往中，如果让对方在关键时刻或平常日子里高高兴兴，还有什么事办不成，还有什么样的硬仗打不赢呢？

综上所述，冷热水效应在人际交往中，通过使他人心中的“秤砣”变小，得到各种好处。用反了就会产生不一样的效果了，当对方对你使用这种方法的时候，要记住：一个人只有保持心中的“秤砣”合情合理，前后一致，才能正确地评价自身和外在的事物。

3. 登门槛效应：一步一步走向成功

当个体先接受了一个小的要求后，为保持形象的一致，他可能接受一项重大但更不合意的要求，这叫做登门槛效应。

在我们的生活中就要很好地运用“登门槛效应”来一步步达到你的梦想。通俗地讲，就像我们爬楼梯一样，要想进入到楼梯后面的门，就必须一阶一阶地爬楼梯，不可能一步就飞跃上去。

“登门槛效应”对你的成功之道很有帮助，当你在谈判中如果一开始就提出较大的要求，很容易遭到拒绝。如果你先提出较小的要求，别人同意后再增加要求的分量，则更容易达到目标。

心理学家有这样的认为：你一下子给别人提出很大的要求，人们一般都难以接受。但是你如果从小的要求开始，不断缩小和你大要求的距离，人们反而都会答应了。人有一种习惯性，当你慢慢增加你的要求时，他们没有意识到对方的要求已经偏离自己的最初界限了。

人都想要保持一个良好的形象，前后相一致。已经答应你做了那么多的事情了，再帮一次也无所谓了，而且再反悔就会被看成是“喜怒无常”的人，因而答应小的要求以后，再拒绝以后的请求就难了。

一支商队在沙漠中艰难地前进，昼行夜宿，日子过得很艰苦。

一天晚上，主人搭起了帐篷，在其中安静地看书，忽然，他的仆人伸进头来，对他说：“主人啊，外面好冷啊，您能不能允许我将头伸进帐篷里暖和一下？”主人很是善良地欣然同意了他的请求。

过了一会儿，仆人说道：“主人啊，我的头暖和了，可是脖子还冷得要命，您能不能允许我把上半身也伸进来呢?”主人又同意了。可是帐篷太小，主人只好把自己的桌子向外挪了挪。

又过了一会儿，仆人又说：“主人啊，能不能让我把脚伸进来呢?我这样一部分冷、一部分热，又倾斜着身子，实在很难受啊。”主人又同意了，可是帐篷太小，两个人实在太挤，他只好搬到了帐篷外边。

这个仆人的贪心不足我们暂且不谈，我们想要找人帮助解决一个有难度的问题时，就要学会这样化整为零，先请他做开头的一小部分，再一点一点请他做接下来的部分，别人往往会想，既然开始都做了，就善始善终吧，于是就会帮忙到底。但是我们要注意，不要让自己陷进别人的无理要求中，也不要存着不良之心而用此效应。

不仅是个人，商家也常常利用这样的效果。虽然有时候顾客很勉强，但是还是会答应。

在二手车市场，销售商卖车往往把价格标得很低，等顾客同意出价购买时，再以种种借口加价。据有关研究发现，二手车销售商的这种方法往往可以使人更容易接受较高的价格；如果最初就开出这种价格，顾客则很难接受。

上面所述都是说“登门槛效应”对别人使用的效果。其实，这个效应不仅是对别人，对自己也是一种很有效的方法。这其实就是我们说的循序渐进、步步为营，在我们为自己定好大目标的时候，往往我们更实际的做法是为自己的每一个阶段、每一个时间段做好小目标。只有一个一个完成这些小目标的时候，才能一步一步接近想要的宏伟蓝图。

由简入繁地做好每一件事，往往能够步步为营，克服重重困难，最终实现意中的目标。找到“台阶”，就是找到了成功的途径。还可以理解为做事情持之以恒，把一个远大的、宏伟的目标不断细分、化解成一个个较容易实现的阶段性目标，这样有助于明确自己的任务，肯定自己的成绩，纠正自己的方向。

日本马拉松长跑选手山田本一可谓“一跑成名”，他在1984年的日本东京国际马拉松邀请赛和1986年的意大利米兰国际马拉松邀请赛中连续两次夺冠，令人们大惑不解，人们都觉得他是一匹真正的“黑马”。

后来，他在自传中解开了这个谜，原来在每次比赛之前，他都会乘车把比赛的线路先考察一番，并把沿途比较醒目的标志记下来，路边的银行、大树、宣传栏，等等。这样从起点到终点，把这些均匀分布的目标牢记在心。

比赛开始后，他全力以赴冲向第一个目标，到达第一个目标后，又以同样的速度向第二个目标冲去……这样依次前进，40 多公里的赛程，就被分解成这么一个个小目标，轻松地跑完了。

很多马拉松选手从一开始就把目标定在 40 多公里外的终点的那面旗帜上，结果跑到十几公里就疲惫不堪了，被前面那段遥远的路程给吓倒了。与其说他们败在了体力不支，不如说他们没有学会合理分解自己的目标。

而山田本一的成功就是用了循序渐进的方法，把一个遥不可及的目标放在遥远的地方，让它成为向前的指南。但是把目标一个个细化，避免了半路失去信心的情况，每一步都走得实实在在，每一个努力的成果都清晰可见，知道自己距目标的距离，即使在路上一时跑错了方向也可以及时地纠正，免得偏离轨道越来越远。

我们要切记：不要想一口吃个大胖子，吃不下造成的困难得要自己负责，即使吃下了也会消化不良的。最好的办法就是一步一个脚印地慢慢来，终究会爬上台阶，打开梦想之门，跳得太快就会掉下来。

4. 虚张声势，以利益相威胁

谈判中对手往往会虚张声势，如果你不同意他的请求，他将采取的措施会给你带来极大的损失，你有可能难以承受，对手利用你害怕利益受损的心理使你束手就范。

“以退为进”是军事上的用语，指暂时退让使输赢未定，以便日后伺机而进，争取成功。谈判有时也同样，双方为了自己的利益，各执一词，有时要坚持；有时则要暂时中止；有时必须据理力争、讨价还价；有时又需暂时退却，这种“退”是为了伺机而进。真正的心理学大家不会单纯地后退，他们会有厉害的后招。他们会采取“恐吓”的手段，虚张声势，为你描述出如果你不同意他的请求，他将采取的措施会给你带来极大的损失，你有可能难以承受。“两害相权取其轻”，你还是答应他为好。

美国一家大航空公司要在纽约建设一座航空站，想要求爱迪生电力公司能以低价优惠供应电力，但遭到婉言谢绝，该公司推托说这是公共服务委员会不批准，他们爱莫能助，因此谈判陷入僵局。航空公司知道爱迪生公司自以为客户多，电力供不应求，对接纳航空公司这一新客户兴趣不浓，其实公共服务委员会并不能完全左右电力公司的业务来往，公共服务委员会不同意低价优惠供应航空公司电力。航空公司意识到，再谈下去也不会有什么结果，于是，航空公司索性不谈了，同时放出风来，声称自己建发电厂更划得来，决定不依靠电力公司供电而由自己建设发电厂。电力公司听到这一消息，立刻改变了态度，主动请求公共服务委员会出面，从中说情，表示愿意给予这个新用户优惠价格，而且还考虑给予这一类的所有新用户以优惠价格。结果，不仅航空公司以优惠价格与电力公司达成协议，而且从此以后，这类大量用电的客户都享受到相同的优惠价格。

这场谈判开始阶段，主动权完全掌握在电力公司一方，他装腔作势，借口“公共服务委员会”这个第三者干预加以拒绝。后来，航空公司要了一个“花招”，声称自己建厂，也就是“退”了一步，并放出假消息“虚张声势”，给电力公司施加压力。因为如果对方自己建电厂，意味着损失的不仅是一笔生意，所以，电力公司急忙改变态度，不得不压价供电，表明愿意以优惠价格供电。这样，航空公司先退一步，然后进了两步，轻松地掌握了主动权。

5. 先发制人，给人心理上的恐慌

运用“虚张声势”，除了前面讲的“以退为进”、“后发制人”外，谈判中也经常采取“先发制人”办法，壮大自己的声势，造成对方心理上的恐慌。

君不见，在日常生活中，常常看到商店里挂出显眼的招牌，或是推销员告诉买主所售商品“存货不多，欲购者从速”，或是宣称某类商品不久将会调价，等等。之所以这样做，是想运用造势夺声的技巧，来壮大自己的实力。当今社会里，广告宣传形形色色，充斥着报刊杂志、广播电视、大街小巷，究其目的也只有一个，即通过各种方式和途径，为自己的商品扬名，为自己的销售造势。

在谈判中，有经验的求人者为了实现自己的目的，也常常会通过各种渠道，采用各种方式，表现出自己的实力，壮大自己的声威，以造成声势逼人的影响，我们也可以叫它造势夺声的方法。

例如，1985 年 7 月，长沙人民织布厂与德国的某公司正式签署了购买 180 万马克旧织布机的合同。按照合同规定，中方必须在 8 月底付出一半货款。但是，由于某些客观原因，中方在 11 月 30 日才付出这笔货款。经过谈判，德方对中方的谅解请求表示同意。可是到了 12 月 18 日，德方突然改变态度，要求中方赔偿违约金和利息共计 65 万马克。为此，双方在德国举行了谈判。

为了掌握谈判的主动权，中方代表设法在发行量为 47 万份并且了解其内情的《津茨堡城分报》的头版头条刊登出题为“织布机引起的激烈争论——中国工厂感到受骗”的长篇报道，披露了谈判的真情，还配发了照片。中方代表的这一举动，立刻引起德国公众的强烈反应，不少人认为“这种商人不能代表德国人”，对某公司的行为表示不满。报道刊出后，几乎每天都有人去看望在某公司拆卸旧织布机的中国工人。在此基础上，中方代表又积极展开联络活动，利用德国新闻界人士组成的津茨堡“君子俱乐部”邀请中国人参加周末午餐会的机会，出示了中方与某公司签订的合同、清单等有关资料，解答了许多纠纷中的问题。中方采取的一系列措施，进一步得到了公众舆论的同情和支持，就连德国第三大银行大众银行津茨堡分行行长，都主动帮助中方了解某公司这套设备原来的价格及事情的来龙去脉。

最后在正式谈判前，某公司迫于公众与舆论的压力，不仅放弃了65万马克的索赔，还把购买设备的180万马克降到150万马克。再次签约后，双方握手言和，重归于好。对此，某公司老板深有感触地说：“没想到中国人这么厉害，我和外国人做生意这样的惨败还是第一次。”

长沙人民织布厂运用造势夺声的方法取得谈判胜利的事例告诉我们，在厚黑求人开始时，若是求人者处于劣势和被动地位，那么适时适度地运用某种渠道和方式造成一种声势，先发制人，有时则可以变被动为主动，使事情朝着有利于自己的方向发展，并最终取得满意的结果。

6. 将对手陷入自相矛盾中

辩论是沟通、谈判乃至口才竞技中常用的方式。能在辩论中巧妙地运用“关门捉贼”之计，将对手置于自相矛盾之中，让其无法自拔，从而取胜于对手。

人人渴望才智，但又很难得到它。大家知道，才智是一种能力的象征——思人之所未思，做人之所未做。一个人一旦拥有才智就能够用尽心力，打败一切对手。

比如两个人为一件事打赌，A 说，如果他输了，他就爬着回去。结果 B 巧用“关门捉贼”的办法，果真让 A 输了。

B 问：你刚才说了，你如果输了，你就爬着回去。

A 却诡辩道：但我从来不说真话，所以我不会爬的。

B 问：你真的从来不说真话吗？

A 答：是的，我说假话是出了名的，如果你能证明我说过真话，我马上爬着回去。

B 立刻反问道：你刚才说“我从来不说真话”，这句话本身是真话还是假话？

A 瞠目结舌，无言以对。因为他无论说这句话是真话还是假话，他都是输了。

B 的高明就在于三言两语，就将 A 引入这种无法自拔的境地，真是高明的辩家。

将对手关进思辩的“门”内，无奈地任你“捉”拿。还有一个医生和律师的故事，听起来也满有意思，都是运用思辩逻辑。

有一个律师，家人突然患了急病，律师请来一位医生。医生知道，这位律师拒不付账是出了名的，因此，在给病人看病前，医生要把事情说清楚，以免律师赖账。

医生：我担心看完病以后，您不会付钱给我。

律师：这里是1000元。无论您救活了她，还是误诊死亡，我都将如数付给您。

（医生这才放心进去为病人诊治，但虽经全力抢救，病人还是死了。医生表示了歉意，然后要求付急救酬金。）

律师：我的家人是你致其死亡的吗？

医生：当然不是，我的诊断和用药都没有错。

律师：那么你把她救活了吗？

医生：这不可能，她的病情实在太重了。

律师：那就对啦，既然你没把她救活，也没因误诊致其死亡，那我就什么也不用付给你了。

医生吃惊地望着律师，不知怎样回答……

围困对手要步步紧逼，再将其困在死地。恰到好处的“关”可使对方后退无路。

美国西部的一个城镇有一个由12个农民组成的陪审团。根据当地的法律，这个陪审团有权判定当事人是否有罪，但前提条件是这个陪审团的意见完全一致，即使只有一个人不同意，该陪审团也无法做出最后的判决。

一次，该陪审团又审理了一个案件，12个人中有11人认为当事人有罪，只有一个人认为当事人无罪。这11个人只好耐心劝导那个人，设法让他跟大家取得一致意见，但那个人硬是固执己见。

几小时后，天空布满了乌云，还刮起呼呼的大风，眼看一场大暴雨就要来临。陪审团成员都是农民，他们的谷物都晒在院子里，如果不及时把谷物收拾到屋里，一年的收获就全泡汤了。按当地的法律规定，陪审团不做出最后判决是不能散会的，所以，这11个人心急如焚。那个人在这种情况下态度更加坚决，对这11个人说：“你们不同意我的意见，咱们谁都甭想回家。”这时有个陪审团成员实在忍不住了，大声说：“你不改变主意，我改变主意好了！”其余的成员也都着急回去收谷物，所以都纷纷同意那个人的意见，最后判决当事人无罪。

一个人势单力孤，一般是难以服众的。但是，那个固执己见的陪审团成员利用机会，把大雨来临前的这段时间作为心理上的“门”，试图把它紧紧“关”闭，终于迫使多数陪审团成员服从了他的意见。可见，“关门捉贼”不仅指空间上的包围，也指心理上的围困。

在与对手较量时，大胆运用“关门捉贼”之计，通过周密的运作，充分的准备或是高超的技术，将对手置于后退无路的境地，让其在铁证如山或众矢齐发面前无计可施，乖乖就擒。

7. 挖好小小陷阱，杀人于无形之中

面子上为对方着想，苦口婆心，实际上利己主义，毫不留情。经营者理应拥有这种智慧，挖好小小陷阱，杀人于无形之中。

有经验的经营者往往把市场价格上涨看做是一个有利的时机，在这种情况下，他们往往可以做成许多生意，而不必按部就班，逐条逐项地去谈合同。

这些生意老手成功的秘诀就是在价格问题上做文章，利用市场价格预期的上涨趋势，制造“价格陷阱”，在谈判中诱使对方上钩。

例如，卖方对买方说：“我们双方是老关系了，对于贵方的利益，我方理当给予特别关照。我们已获悉，今年年底前，我方经营的设备市价将要上涨，为使你们在价格上免遭不必要的损失，我方建议，假如你方打算订购这批货，并希望在半年到一年内交货，就可以趁目前价格尚未上涨的时机，在订货合同上将价格条款按现价确定下来，这份合同就具有了价格保值作用，不知贵方意下如何？”

若此时市价确实有可能上涨，这个建议就会很有诱惑力。

为使买方相信这是件对双方都有利的事，卖方又补充说：“这事若能尽早定下来，对于我方妥善安排生产，确保准时交货也十分有利。”见买主此时仍半信半疑，卖方又说：“所要签的合同目的只是为了价格保值，如果签了以后又觉得不合适，可以随时撤销合同。当然，若正式决定撤销合同，必须提前90天通知我公司，以便我方对供货问题另做安排。”

买方听后，觉得他说的很有道理，于是决定同意签署这份“价格保值合同”。卖方的策略至此得以实现。这个策略看起来似乎照顾了买方利益。其实不然。为什么呢？

第一，在上述情况下，买方在签署合同时，往往没有对包括价格在内的各项合同条款，从头到尾地进行仔细认真的谈判。在许多情况下，买方实际上只是在卖方事先备好的标准式样合同上签字，很少能作大的修改和补充。

第二，由于合同订的仓促，很多重要问题都会被忽视。比如，与所订购设备有关的其他配套元件或技术服务等，买方是否都需要一揽子订购？若需要，那么由卖方提供的供货方式、供货数量等，是否符合买方的最大利益。

这些问题往往被忽视，其结果常常会造成买主附带地买进一些并不十分需要或条件并不优惠的产品，或签了一份租金过高的租赁合同。其实，若经过仔细比较，认真谈判，从容考虑，权衡各方面利弊得失，这类失误本来是完全可以避免的。

第三，买方谈判人员签订这种“价格保值合同”时，为抓住时机，常常顾不上请示上级同意而“果断”拍板，由于合同的执行要等一段时间以后，一些潜在问题暂时不会暴露出来，因而往往不会引起买方上级的注意。但是，一旦问题在某天暴露出来，其结果必然是惨痛而无可挽回的。

8. 请将不如激将，设个圈套让人钻

请将不如激将，摸清对方脾气，攻其弱点，可以使其顺着你的思路做事，如同地上立竿，让猴子顺竿向上爬一样。对于谈判来讲，就是最好的策略。

三国时期的诸葛亮，他的设局术已达到出神入化的境地，前无古人，后无来者，尤其是激吴抗曹一事，智谋高超，堪称一绝。

公元208年，曹操亲率20万大军南征。江东的孙权摇摆在抗曹与降曹的两种选择之间。经过仔细权衡，孙权有意联合刘备对付曹操。这时诸葛亮也与刘备商量联孙抗曹，他在分析了江东当时的处境和可能做出的对策之后，料定孙权方面会派人前来试探。果然，鲁肃不久来到蜀营，从而成为诸葛亮开展一场出色的外交谈判的起点。诸葛亮听说江东来人，便高兴地说："大事要成啊!"接着十分慎重地叮嘱刘备，凡来人提及与曹操作战的问题，都推给他诸葛亮回答。他不仅要从与来人对形势的谈话中捕捉相关信息，而且还打算通过倾心交谈结交朋友。结果，直率的鲁肃经过诸葛亮的争取，透露出江东投降倾向与抗曹势力的现状和作为决策者的孙权目前害怕曹操兵多将广、不敢决策抗曹的心态，并且自告奋勇，愿意充当诸葛亮出使江东鼓动抗曹的引荐人。

后来的情况证明，在江东谈判中，鲁肃确实起到了穿针引线和弥合裂缝的作用，给予诸葛亮很大的支持。诸葛亮在见到江东决策人物之前，首先遭遇到的是一批力主降曹、胆怯自私的文官。他们虽非决策人物，但对孙权决策有重大影响；尤其是谋士张昭，曾经是江东第二代创业者、孙权的哥哥孙策临终时指定的处理江东内政的主要决策顾问。这些人的投降主张已经严重地干扰着孙权抗曹的决心，诸葛亮采用了快刀斩乱麻的果断手法，对各种不利于孙、刘联兵抗曹的言论，一驳到底，绝不拖泥带水。

很快，诸葛亮与孙权直接会谈。他看到孙权“碧眼紫髯，仪表堂堂”，立即判断对手有很强的自尊心，“只有激，不可说”。对待这位江东的最高权威人物，诸葛亮对准他当时在战与降之间举棋不定的矛盾心态，不但把曹操的实力格外加码地描述了一番，而且一点也不委婉地建议他如果不能早下抗曹决心，不如干脆投降。孙权不甘屈辱，立即回敬一句：“诚如君言，刘备为什么不降曹?”于是诸葛亮抓住这个话茬儿，毫不犹豫地抛出一枚令对方难以承受的重磅炸弹：“昔田横，齐之壮士耳，犹守义不辱。况刘豫州王室之胄，英才盖世，众士仰慕。一事之不济，此乃天也，又安能屈处人下乎!”这枚炸弹既是对孙权的强大刺激，也是对孙权的有力鞭策，当然还是刘备一方抗曹的坚定表态。此时，被触犯了尊严的孙权“不觉勃然变色，拂衣而起，退入后堂”。

一个平庸的谈判家很难有如此的胆识，因为这要冒造成整个谈判夭折和失败的危险，给自已一方带来严重的损害。但是，诸葛亮绝不是徒逞一时口舌之快而意气用事的人，他之所以敢设下这个局，完全是摸清了孙权绝不肯轻易降曹的缘故。应该说，诸葛亮对这种“破坏性的试验”还是心中有底的。正如他后来用《铜雀台赋》激怒周瑜一样，都取得了别人意想不到的正面效果。

在鲁肃的周旋下，诸葛亮与孙权的谈判迅速恢复，孙权很快钻进圈套，事实证明了诸葛亮设下的局是成功的。十分清楚，诸葛亮是怀着破釜沉舟的心态向孙权展开强大攻势的，这完全符合当时形势对双方的要求。

在最精彩也最关键的与周瑜的一场谈判中，诸葛亮善于拨弄对手弱点的战术发挥到了极致。周瑜是对孙权决策影响最大的人物，一旦抗曹开始，他必然也是主帅，诸葛亮必须调动起他的强烈抗曹愿望。于是异想天开地利用曹植《铜雀台赋》中“揽‘二乔’于东南兮，乐朝夕之与共”的句子，诳称曹操有染指孙策遗孀大乔和周瑜妻子小乔的念头。

这不啻在周瑜最敏感的部位砍了一刀，把一个故作深沉、正得意扬扬地对诸葛亮大演其戏的周郎刺得顷刻之间离座而起，将自己与曹操势不两立的意愿和盘托出。诸葛亮就此圆满完成了出使江东的重要使命。

常人做事，只需得孔明之谋的皮毛，看准对象巧设圈套，同时也告诫我们要小心这些圈套。

9. 谈判中的"认知错误"

成功的谈判是从认识潜在的错误开始的。了解导致谈判心理陷阱的根本原因，能帮你辨别交易的好坏，预测可能出现的问题，使得谈判向有利于自己的方向发展。

当 IBM 生产出第一部个人计算机时，就立即为这个原本高度分割的市场设定了标准。但是，这个新标准的最大受益者是谁呢？不是 IBM。微软控制并拥有了该操作标准。IBM 愚蠢地犯下一个错误，它没有在微软或其操作系统中争取股权。这个错误带来的损失是个天文数字。

桂格（Quaker Oats）曾耗资 17 亿美元收购了饮料公司 Snapple。当时，分析家说这笔交易不划算，出 10 亿美元都太高，更别说 17 亿美元了。但桂格的 CEO 仍然自信地积极促成交易。他说："通过持续渗透、扩大分销和进行国际化扩张，Snapple 将有很大的发展潜力。" 28 个月以后，桂格公司以 3 亿美元的价格——不足当初购买价格的 20%——将 Snapple 卖给了 Triac 公司。这一次，过于自信带来的损失是 14 亿美元。

为了进军计算机行业，美国电话电报公司（AT&T）斥资 74 亿美元收购了 NCR 公司。但这笔交易很快就成为一场灾难，为 AT&T 带来了不断亏损。然而，AT&T 没有迅速切断损失源头，而是继续苦守了 5 年。当它最终放弃该项投资时，损失已达 68 亿美元。

这三个例子有什么共同之处？它们都是陷入了常见心理陷阱的谈判

实例，这些心理陷阱是公司和其高管在谈判时常犯的错误。这些错误导致他们在谈判中往往不经考虑就做出了决定。

成功的谈判是从认识潜在的错误开始的。了解导致心理陷阱的根本原因，能帮你辨别交易的好坏，预测可能出现的问题。

（1）过于自信

谈判者往往毫无理由地过于自信。研究表明，他们往往过高地估计了自己的才干、知识和技能。

最有说服力的证据莫过于公司并购了。每年，醉心于扩张“疆域”的公司高管们会在并购上花掉30000亿美元。然而，研究表明，2/3的并购都失败了。这些交易不但没能为买家创造财富，反而为他们带来了损失。首要原因就是，过于自信的买家为并购出价过高。

要避免过于自信，你要注意以下几点：

如果你开始对交易的成功前景夸夸其谈，或者为自己犯下的错误辩解，或者试图掩盖它们，这些就是过于自信的迹象。明智的谈判者能坦然面对自己的错误，控制自负心理。

把所有交易的详细总结放在你触手可及的地方，不论该交易的结果是好还是坏。这是防止你忘记过去所犯错误的最好方法。

在财务预测中加入一个“过于自信折扣”。在预测交易能够给企业带来长期利润时，要在最乐观情况的基础上减去25%，再在最悲观情况的基础上加上25%。

（2）厌恶损失

研究表明，如果购买的股票价格迅速上升，人们往往很快将其出手，锁定利润。然后，他们就可以向朋友吹嘘自己的判断力如何准确。然而，如果股票价格大跌，人们则趋向于继续持有股票，等待价格回升。结果，投资者卖出了应该继续持有的股票，而保留了应该出手的。

心理学家卡尼曼（Daniel Kahneman）和特沃斯基（Amos Tversky）发现，损失给人带来的心理冲击是同样数额的获利给人带来的心理冲击的2.5倍。怪不得人们要在本应削减损失的时候却仍然苦苦坚持。

要避免厌恶损失的陷阱，你需要：

评估你对损失的容忍程度。回顾过去的交易，看看你是倾向于卖出赢利的投资项目还是亏损的。

忘记过去。不要想着如何令某笔已经很糟糕的买卖咸鱼翻身，你把钱再投入进去只会损失更多。

在你对投资还没有产生感情联系前，做出出售决定。例如，在购买投资产品时，提前决定你会在价格下降到什么程度时将其出手。

记住这句话："你要喜欢承受损失，痛恨收获利润。"看似荒谬，它却能提醒你在市场形势恶化时迅速出售表现不良的投资项目。

(3) 仓促交易

人们经常因为没有花时间系统地质疑自己的先入之见，或者考虑清楚交易的原因，而身陷糟糕的交易中。心理学家把这种急切的心态称为"确认陷阱"，他们没有去寻找支持自己想法的证据，同时又忽视了那些能证明相反意见的证据。

我们知道，得到好的第一印象的机会就一次，这就是"确认陷阱"的结果。人们一旦在脑海中形成某个观点，就很难改变，不管它多么愚蠢。

10. 购房谈判中营销人员的“高招”

购房者本人在购房谈判中容易判断失误或为蝇头小利、空头承诺所惑，从而在心理上被销售人员牵着鼻子走。

多数购房者在发生纠纷投诉时往往强调开发公司或销售人员承诺过的条件不兑现，这其中当然有个别素质不高的销售人员为促销而信口开河许下一些不可能兑现的承诺或优惠条件，但也有一些是购房者本人在购房谈判中判断失误或为蝇头小利所惑被销售人员牵着鼻子走。其实，谈判双方都是为了各自的最大利益而来，双赢的结局当然最好。但买卖之间毕竟不同于慈善事业，一方多得，另一方相对就要少赚。所以，为了取胜，卖方自然会用各种营销策略，尽可能多地掏出你兜里的钱。所以谈判时也要时刻保持清醒的头脑，不要被一些蝇头小利或空头承诺诱入陷阱。

下面就是一些营销人员常用的策略：

(1)“不知道”策略

营销人员在遇到有备而来的购房者时常用此法。在谈判过程中面对比较棘手或想正面回避的问题，常以“不知道”、“不太懂”、“不了解”等来加以回避，使对方的问题没法深入下去，同时以一种低调来减少对手的防御。

(2)“合理化”拒绝

在买卖未成交前，如果买主要求降价或提出其他额外优惠条件时，对方常会苦着脸举出一大堆不能降价的理由，这些理由听起来都很合理。其实有的时候，这是卖方利用买主对产品知识的缺乏而运用的策略。也就是说，表面上看起来已经是底价了，而事实上，卖主心中还有另外一个价，只要你能攻破前面的价格，则往往会有一段不菲的差价或优惠。

(3) 事前行销

营销人员常利用房屋定价先低后高的规律，在计划涨价前先告诉客户，房子马上就要涨价了，再不决定可就错失良机了。如此一来给买方造成心理压力，“现在的价位是最低价，买了就能赚钱”。使买方不好意思再开口压价，甚至匆忙买下自己并不满意的住宅。

(4)“人质”策略

谈判中极个别素质较低的营销人员会采用此种不道德的策略。比如以较低的头期款和代为办理购房按揭等优惠条件诱你付款买房，而你一旦交了第一笔钱，就等于将人质送到他的手上，其后你只能被动挨宰。

(5)“面子”策略

中国人最讲究个面子，所谓士可杀不可辱。而在购房谈判中，营销人员会极力迎合顾客的心理，对顾客一知半解的房地产知识予以称赞，于是顾客在虚荣心的极大满足中时常会忽略对房屋的一些重要细节和问题的考察而签下日后有可能后悔的合同。

(6)“低价”策略

一般来说，房屋销售价都是从低走高，房屋开发公司不到万不得已，是不会主动降价的。如果开发公司主动调低房屋的售价，这其中有时会暗藏玄机。如某开发公司在售房时称因房地产市场不景气，为周转资金，成本价出售积压房，并承诺后续配套设施很快完成。等消费者入住时才发现，此房不仅质量低劣，而且水、电、气等附属设施皆未配套。不仅如此，开发公司还要求购房者补交测量费、登记费、手续费、管理费等多项费用，否则不予办理产权过户。至此消费者发觉上当要求退房，而开发公司却不予理睬。

(7)“拍卖”策略

我们在房屋销售处有时会看到这一场面，当买卖洽谈过程中，营销人员的呼机或大哥大不时响起，而对话内容一定与这栋房子有关。谈话时间不长，可句句“重点”，这边营销的几个电话来回，那一边买主已是心绪不宁，急于敲定这桩买卖了。而此时行销则顺水推舟收下定金，一桩买卖大功告成。其实营销人员是利用人们的心理特点：大家都想买的东西一定是好东西，而如果一件商品有几个投标者，那无疑更是物以希为贵了，岂有坐失良机之理，虽然贵点也认了。

11. 跨文化谈判中的陷阱

INSEAD 教授奥拉西·法尔考（Horacio Falcao）指出，谈判时一定要考虑到文化因素，例如谈判对手的教育或宗教背景，然而，很多人要么低估要么高估了跨文化因素。

这听起来有点自相矛盾。谈到低估跨文化因素时，他举例说："经常有人问我如何和中国人谈判，那我就要问他是和中国哪里的人进行谈判，是北京人还是上海人？是在农村出生后来到城市工作的人，还是在城市出生长大的人？"

他说："虽然都是中国人，但是区域文化相差甚大，而这点经常被低估了。"

"跨国谈判时人们通常只考虑民族文化，而教育文化、种族文化、性别文化和宗教文化往往被忽略了。其实所有这些都是所谓的'跨文化'，它们都潜移默化地影响了谈判对手在谈判桌上的行为。谈判者如果只留意民族文化，那就是低估了文化因素的影响，他们需要了解所有其他相关文化因素。"

"所有这些文化因素都有助于了解谈判对手并与其进行良好沟通，以便在谈判过程中更好地达成共识。"法尔考说。

另外，如果谈判对手来自类似的文化背景，谈判可能会掉入另一个陷阱。"因为谈判双方可能觉得背景相似，沟通了解方面不成问题，这是高估了相似性，使谈判暗藏风险"。

如果谈判对手是"和自己完全不同的人，谈判者自然而然在谈判过程中会加倍小心。风险系数相对会比较小”。

法尔考强调，每一场谈判都应该是“跨文化谈判”，与谈判对手沟通的过程至关重要，而不同的社会习俗也起着举足轻重的影响作用。

他举例说：“在日本，人们不习惯当面拒绝对方，你必须用较为委婉的办法表达你的意思。”谈判者可以通过一定的培训和辅导来避开这些陷阱。法尔考说：“如果需要翻译的话，谈判者应该请一个来自谈判对方国家，最好是在两个国家都居住过的人做翻译，这样的人了解两国习俗，翻译会更准确无误。”

谈到谈判技巧，他建议采取“探索、准备和调适”的三重策略。“最好是‘从零出发’，从全新的角度去了解对方及对方的立场，以确定对方是敌还是友。”话虽如此，他表示，有时对方敌友身份很难确定。“与你谈判的对手可能两者皆是，也可能两者皆非。这要看你如何与他们相处。如果你一开始就把他假想为敌，他们可能就会采取敌对态度；相反，如果你一开始就以礼相待，他们也会以诚相待。”

法尔考指出：谈判者需要真正了解对手并以此做出相应的策略和技巧调整。“谈判只有两种文化，竞争还是合作，换句话说，不是敌就是友。”

他补充说：“谈判的目标是要建立双赢局面，建立长期战略合作关系，创造更大价值。这需要投入一定的时间和精力，但最终风险小了，成功的概率也大了。”

12. 谈判中常见的心理学陷阱

谈判行为是一项很复杂的人类交际行为，它伴随着谈判者的言语互动、行为互动和心理互动等多方面的、多维度的错综交往。谈判对手之间经常设计一些心理陷阱供你钻。

谈判行为从某种意义上说可以看成是人类众多游戏中的一种，一种既严肃而又充满智趣的游戏行为。参与者在遵守一定的游戏规则中，各自寻找那个不知会在何时、何地、何种情况下出现的谈判结果。美国谈判学会主席、谈判专家尼尔伦伯格说，谈判是一个“合作的利己主义”的过程。寻求合作的双方必须按一个互相均能接受的规则行事，这就要求谈判者应以一个真实身份出现在谈判行为的每一环节中，去赢得对方的信赖，继而把谈判活动完成下去。但是由于谈判行为本身所具有的利己性、复杂性，加之游戏能允许的手段性，谈判者又很可能以假身份掩护自己、迷惑对手，取得胜利，这就使得本来就很复杂的谈判行为变得更加真真假假，真假相参，难以识别。下文仅从三方面来剖析一下谈判活动中的真假现象。

（1）真诚相待，假意逢迎

谈判行为是一个寻求互相合作的过程。坐在谈判桌前进行磋商，双方都应是抱有诚意而来，否则，谈判行为没必要也不可能实现。根据马斯洛和尼尔伦伯格的需要理论，谈判目标是属于自我实现的需要，它是建立在满足较低层次的其他需要的前提下，才得以实现。因此，作为东道主的热情接待，安置舒适安全的环境，谈判前的叙情寒暄，私下的友好往来，谈判过程中的温、谦、礼、让都应是真诚的。除非你想刺伤对方，故意造成谈判破裂。

可是，在谈判活动中谈判人员接纳真诚的承受力是因人而异的。一些老练的谈判对手会利用你在真诚面前的脆弱心理承受力，假意逢迎迷惑你。据说日本商人在一些商务谈判中就经常运用此策。他们派专人到机场恭迎你，然后领你到高级宾馆下榻，又非常热情地宴请款待。在你需要洗漱休息时他们又特意为你安排一些娱乐活动。每一句话、每一个行动看上去都是极其真诚的，让你盛情难却，直到你疲惫至极，还没充分恢复时，他们又提出进行谈判。往往使你哑巴吃黄连，有苦说不出。你能抱怨对方什么呢？他们是盛情，可你是既难以推却而又难以承受。在谈判中我们还经常看到一些对手，他们非常富有“涵养”“修养”，对我们极其尊重。他们不仅很少指责，甚至还口口声声：“按您的意思很好”“就您的威望来说我们不敢提出异议”等，毕恭毕敬。这种情况貌似对方顺从己意，实则是假意逢迎，利用对你的自尊心理的满足，滋长你的虚荣，在不给你任何实惠的口实掩藏下，实现他的目的。言多必失，一旦失口你还迫于维护面子，只得拱手相送。所以在谈判中我们应提高警惕，不能被表面的虚情假意迷惑而损害自己的利益。

（2）声东击西，示假隐真

谈判是富有竞争性的合作。虽然不是对弈，也不是战争，不是你死我活，你输我赢，但是谈判也绝不是找朋友，推心置腹。谈判虽然是遵循互利互惠的原则，但双方皆赢的利益结果很难对等。在这种双赢的游戏中，就允许双方施展谋略，寻获更多利益，这是规则。在谈判过程中声东击西，示假隐真也是谈判者惯用的技巧。中国历史上战国期间“烛之武退秦师”的谈判谋略就是一例。战国时期，郑国弱小，秦晋两大国联军围郑。郑文公派烛之武和秦穆公谈判。烛之武见了秦穆公说：“我虽为郑国大夫，却是为秦国利益而来。”秦穆公听后冷笑，不予相信。接着，烛之武剖析：“秦晋联合围郑，郑国已知必亡，然郑在晋东，秦在晋西，相距千里，中间隔着晋国，如果郑亡，秦能隔晋管辖郑地吗？

郑只会落于晋人之手。秦晋毗邻，国力相当，一旦郑被晋所吞，晋国的力量便超过秦国。晋强则秦弱，为替别国兼并土地而削弱自己，恐非智者所为。如今，晋国增兵略地，称霸诸侯，何尝把秦国放在眼里，一旦郑亡，便会向西犯秦。”秦穆公听后连连点头称是，请烛之武坐下交谈。烛之武继续剖析：“如果蒙大王恩惠，郑得以继续存在，以后若秦在东面有事，郑国将作为‘东道主’负责招待过路的秦国使者和军队，并提供行李给养。”秦穆公听后非常高兴，遂和烛之武签订盟约。烛之武之所以能瓦解秦晋联军，是因为他根据秦、晋两国势均力敌，互有威胁，且互有猜忌的局势。在谈判中，烛之武假言郑已知自己要灭亡了，因而将要灭亡的国家对什么都已无所谓，使秦穆公造成错觉，以为烛之武真是“为秦国的利益而来”。然后逐层剖析、陈述秦晋联军对秦的利益影响，表面上处处为秦国着想，隐藏了实则为郑国解燃眉之急的目的。示假隐真的谈判策略重点在假象要逼真，自己的真正目的要隐得深而巧妙，不被觉察，否则会弄巧成拙。

（3）抛出真钩，巧设陷阱

谈判是一种双方信息的交流、竞争。谁能够更多地掌握对手的谈判信息谁就能在谈判中占据主动，所以无论是政治谈判还是商务谈判，获取、搜集、识别对手的信息已经是一项重要的谈判工作。因此，相对应地要求谈判各方也都很重视对自己的有关谈判信息采取严加保密措施。然而我们对信息的保密性的理解不能只停留在表面上，时时、处处、不分有无效用地“死守”情报。相反，应当灵活地“将计就计”地活用情报。适当的“泄密”就是一种巧用情报的谈判策略。具体来说，“泄密”也有抛出真钩——泄露真实情报和巧设陷阱——泄露假情报两种。手段不同，目的一致。中、日双方就买卖农业机械进行谈判，中、日双方进行了几次讨价还价后，日方的报价还不能使中方满意，但是中方一时也找不出更有力的说服去打动对方，迫使其让步。中方认为此时应该抛出真钩，不要再“死守”自己已与另外两国进行接触的商业秘密，于是便说，我们主管部门的外汇审批额度有限，如要增加需再审批，那谈判只能拖延，而其他两国还在等我们的邀请。随手把有关外汇使用批文及其他两国的电传递给对方。日方面对这突如其来的新情况，考虑利益得失和担心谈判破裂，只好吞下这抛来的真钩，满足了中方的要求。当然，这样的泄密是有一定风险的，但如果适时、适地、适量、准确把握火候、分寸，也能起到落子定局的奇效。在谈判中还有一些人利用对手迫切了解自己情报的心理，“将计就计”有意地把一些事先准备好的假情报放在对方容易看到或听到的地方。比如有的谈判高手在谈判休会期间故意“忘了”带走一两份文件或公文包，或者很“粗心”地在公开场合谈论一些商业机密，掘下一个陷阱，让你往里钻，叫你上当。第二次世界大战期间，盟军曾在一次战役中将一份假情报放在一位已战死的上尉的公文包里，然后撤离战场，德军在清扫战场时意外惊喜地获得这份重要的“情报”！后来，德军果然中了圈套，损失惨重。对于假情报的泄露要不让对手察觉，过于轻易地被对方获得反会令其怀疑，所以有时不妨故设障碍，又及时放行，吊其胃口，诱敌深入。那么如何识别真假情报呢？应该头脑冷静，多方证实，不能轻下结论。

第九章 打好心理战，赢得心理较量

人生就是一场心理博弈。生活就是一场心理较量，心理学知识和策略会在任何时候都能派上用场。我们说话办事，不仅要凭自己的诚意和能力，还要有眼力和心计。掌控人际交往的主动权，看穿别人的心理诡计，避开心理陷阱，走出心理误区，发挥心理优势，使自己避免遭受挫折和损失。有效地发挥自身的影响力，顺利地落实自己的计划，才能获得事业上的成功、生活上的幸福。

1. 防备突然的热情

为了自保，对这种突然的热情还是要适当保持防范的心理，在没有分辨清对方的真正用意前，还是不要轻举妄动。

对自己的朋友蓄意利用，把他当枪使的事例很多，结果给朋友造成的危害是最大的。所以朋友之间对突然的热情要防备，更要留心接下来的利用绝不是一般的利用。

朋友间的友情好比炖汤，需要小火慢熬，一直保持着一个温度。但凡有头脑的人都能够意识到这一点。所以，当你的朋友圈中，突然跳出一个对你百般热情的人，你不能不对他（她）加以防范。因为，他（她）打破了朋友间维系友情的火候。

假若某人和你只不过是普通朋友，谈不上什么交情，只是偶尔一起吃个饭；假若某人和你以前是很要好的朋友，但很长时间没有联络，感情似乎淡了许多……对于这样的朋友，如果突然热情起来，你要随时提高警惕，对他们的防范心理不能减弱。因为，他们这样做很大一部分原因是他们发现你有"用处"。当然也不能排除对方只是想联络联络感情的可能。

所以，遇到这类情况发生时，还要一分为二地看问题，目的是为了避免以小人之心度君子之腹，误解对方的好意。人是感情动物，也许对方是出于一份好意，真心诚意想问候一下你这位许久不曾联系的朋友，如果你这时用防备的口气或神态对待对方，岂不是拿别人的好心当成了驴肝肺？当然这种情形不会太多，而你也要尽量避免这种联想，对待突然的热情，最好冷静待之，小心防备。

怎样才能分辨这种突然升温的“友情”中是否含有“企图”呢？这并不是多么困难的事。

首先，审查自己目前的状况，看看自己有没有可以被他人利用的地方。例如，手握重权或腰缠万贯……如果你占了其中一样，那么这个人很有可能对你有企图，想通过你帮他完成某项心愿，或在你这里得到一些好处；还有一种可能，这个人可能会向你借钱，甚至骗钱；如果当前你一无所有，你没有什么可以让别人惦记的，那么这种突然的热情对你本人基本上没有什么危险，不过也有可能是“项庄舞剑，意在沛公”，想把你当做跳板，利用与你有关的人为他做事。例如，你虽然一无所有但你的家人手握重权，这些人接近你就是为了请你的家人帮忙，而你只是他过河的踏脚石。

通过对自身的审查，认为这种突然的热情没有“危险”后，也不能太过于大意，因为这只是你的主观判断，有可能被对方一些外在的东西蒙蔽，所以还要注意以下几点：

（1）不冷不热

“不冷”，是说不要回绝对方的“好意”，即便对方的心思已经被你看穿，也不要当场回绝以免得罪人；“不热”，是说不要迫不及待地上前迎接，因为这会让你陷入两难的境地，如果对方真的不怀好意，你对他过分热情，就很难抽出身来，硬抽身又会得罪对方，使自己显得十分被动。

（2）静观其变

一旦这种突然的热情来临，最好的办法就是不动声色，静观其变。看对方葫芦里到底卖的是什么药，以便对症下药，避免对方给你个措手不及。一般来说，如果对方对你有所企图，在言谈举止间定会表现出来。

（3）投之以桃，报之以李

对这种突然的热情，你要采取“投桃报李”的方法，别人请你吃饭，你要想方设法地把人情还给他；他帮你，你也要回过来帮他。

正所谓“吃人嘴软，拿人手短”，如果你不及时补偿他的人情，被他牢牢地控制住是很有可能的，到那时再想脱身恐怕就没那么容易了。

做人不能没有提防之心，虽然害人之心不可有，但防人之心却不可无。对那些突然对你百般热情的朋友要有防备之心，对那些原本不是十分亲密的朋友对你献殷勤，就更要小心谨慎了。

2. 小心背后，竖起耳朵

有时候被人利用是小事，但被小人利用就会上当受骗，所以应谨防身边的小人，竖起耳朵，听听背后的话，不要被小人的诡计左右你的心理。

岳武穆就因为精忠报国，一心为民，不注意背后，而遭小人暗算、残害；苏东坡先生也因“君子之心”屡遭小人背后算计，被一贬再贬，一腔热血、满腹经纶只能付诸于纸笔……

进入21世纪，人类文明的脚步并没有遏止旧戏的重演。看看你的身边，瞧瞧我们的周围……如果你是一个正直的而且才能非凡的人，那么，你的能力有多少，你的“敌人”也将有多少；如果你是一个有强烈事业心、进取心的人，那么，在你的奋斗历程中，早有无数支暗箭对准了你。中箭而亡，不，中暗箭而亡，是你极有可能的归宿。不信，看看你的周围，是不是有不少走陶渊明、苏东坡老路之人，是不是有步司马迁、岳武穆之后尘者。

“小心背后!”这绝对是避免被人当枪使的善意忠告。

有只猴子在树林里自由自在地生活，还和一只乌龟交上了朋友。它们经常在一起玩耍、谈天，过得十分愉快，成了莫逆之交。乌龟的老婆妒忌丈夫天天和猴子在一起，就想找个办法把猴子杀了。于是它开始装病，直叫心口疼，嚷着说，大夫说了，只有吃了那只猴子的心肝才能好。乌龟开始不肯，但被老婆逼得无奈，只好答应。

乌龟来到猴子家，骗它说要请它去自己家吃饭，猴子高兴地答应了。乌龟背着猴子游到河中央，一时口快对猴子说：“我妻子病重，生命垂危，医生说只有吃了猴子的心肝才会好……”猴子听了，大吃一惊，但又没办法逃，情急之中想了一个办法。它对乌龟说自己忘了带心肝在身上，让乌龟背它回去拿。乌龟转身往回游，到了岸边，猴子马上蹦下龟背，爬到了树上。

乌龟在树下眼巴巴地等着，催促猴子快点去拿。猴子气呼呼地骂了乌龟一顿，并和它一刀两断。乌龟只好垂头丧气地爬走了。

生活中其实不乏这样的例子。在这个竞争如此激烈的年代，很多人为了争取在社会上的一席之地，不是凭个人能力，而是剑走偏锋，使出各种邪门歪道，踩着他人的功绩为自己谋福利。到头来，把自己丢失在物欲的世界里，内心只有积尘覆盖。很多时候，为了争取更多的利益，人与人之间就开始了钩心斗角；更荒谬的是，有时甚至在没有利益冲突的情况下，仅因为个人观念不同，或者一言不合，就可能起了杀机。有道是“明枪易躲，暗箭难防”，尤其是在变幻莫测、风起云涌的生活之中，更需要打起十二分小心，竖起耳朵，时刻注意身边的动静，小心背后，以防成为别人手里的枪，自己还不知道。

3. 别有用心的闲话不要听

爱背后说闲话的人多半富有心计，有备而来，通过说别人的闲话使你形成一种思维定式而达到自己的目的，不可不防，这种人善于以背后说人闲话来铺就自己的成功之路。

宋朝的阎文应是开封人，因他善于见风使舵，不断升迁，到仁宗时，已升为内副都知。经过详细的了解，阎文应终于知道吕夷简遭免是郭皇后所致，于是，两人合谋，想寻找时机废掉郭皇后。

恰在这时，仁宗的嫔妃之间发生了一场冲突，被阎文应及时地利用了。当时，宋仁宗最宠爱的妃子有两个，一个是杨美人，一个是尚美人，两人相互争宠，同时又联合起来对付郭皇后，生怕郭皇后专宠，而使仁宗弃了她们两人，因此杨美人、尚美人和郭皇后的矛盾越来越深。郭皇后又是个争强好胜之人，不甘于被两个美人分宠，经常训斥她们。一次，郭皇后当着仁宗的面训斥尚美人，尚美人见仁宗在场，就有恃无恐，顶撞了几句，郭皇后怒火上冲，一巴掌打在了尚美人的脸上，尚美人不敢还手，连哭带喊地跑到仁宗的背后躲避，郭皇后紧追不舍，竟一巴掌打在了仁宗的脖子上，留下了几条血印。这下子惹恼了仁宗，也吓坏了郭皇后。但事已至此，郭皇后只好赔罪，仁宗拂袖而去。

阎文应看到了这件事，觉得捞权的机会到了，若能废了郭皇后，再立一位新皇后，自己哪有不受宠的道理？他从一旁煽风点火，添油加醋地说了一番郭皇后的坏话，弄得仁宗更加气恼，决定废掉郭皇后。仁宗生性谨慎怕事，胆小懦弱，他担心随便废立皇后会引起大臣的不配合，就问阎文应应该怎么办。阎文应一听，正中下怀，对仁宗说："陛下圣明，虑事周密。这本是陛下的家事，朝臣不应干涉，但陛下愿意交给朝臣讨论，实在是英明仁厚之举；不过，像您脖子上被打了几条血印这种事，恐怕不好当众展看，陛下可把宰相吕夷简召进宫来，让他验看，他若没有异议，其他朝官就不会阻拦了。"

仁宗觉得阎文应说得有道理，就把吕夷简召进宫来，吕夷简早由阎文应告知，一见仁宗脖子上的血痕，当即显出痛心疾首之状，而且引经据典，大谈君臣之道，极力主张废掉郭皇后，并建议谁不同意废掉郭皇后，谁就是不通君臣大义，就该坚决罢免谁的官。在吕夷简的大力支持下，仁宗顺利地废掉了郭皇后。

郭皇后被废以后，阎文应不仅得到了皇帝的进一步信任，后宫的嫔妃也都对他备感敬畏，尚美人和杨美人也对他感激不尽。只是两位美人生性轻薄，郭皇后被废以后，两人更加肆无忌惮，日夜纠缠不休，弄得仁宗沉溺酒色，有时连早朝都不到，后来干脆病倒在床。宫廷内外议论纷纷，都说杨美人、尚美人淫荡成性，祸害君主。阎文应见显示自己忠心、取得皇上信任和大臣好感的时机又来了，就三番五次地劝仁宗要保重身体，弃绝两位美人。仁宗听得不耐烦，就顺口说了一句："好吧！"阎文应一听，即刻来到两位美人居住的地方，喝令小太监把两位美人强行拉上车子，推出宫外。两位美人哭泣求情，阎文应自称是奉了皇上的旨意，无人敢违。杨美人还想见皇上，阎文应骂道："你们这两个宫廷奴婢，别再痴心妄想，赶快出宫去吧。"

第二天，阎文应向仁宗汇报了这件事，仁宗瞠目结舌，不知如何应对。但他总不能再让人把两位美人请回来，只好承认这种现实。

看来，说别人闲话的人，大都是别有用心的人，对于这些闲话，可千万要多长个心眼才是，不要让别人控制你的思维。

4. 送到嘴边的肥肉不能吃

生活中上当受骗往往是因为贪心。生活中的骗子很多，真是防不胜防，我们一定要记住关键的一点，不要贪心，人们往往会利用贪欲造成你的思维定式。

三月的一天，某县工商局门口走来一位心急火燎的江老太婆，门卫问她找何人，她气喘吁吁地说："我找周工商。"局里只有一个姓周的，当周大姐出来以后，江老太婆一见是女的，愣了半天，接着放声大哭："我的钱呀，我的8000元钱呀！该死的骗子，我该怎么办呀？"

江老太婆一把鼻涕一把泪，弄得周大姐"丈二和尚摸不着头脑"。闻讯赶来的工商局领导经过一再安抚、开导，江老太婆才说她姓江，是做小生意的，并讲述了她被骗的经过。

两天前的上午，江老太婆在自家门前守烟摊，一男青年上前买了两包"阿诗玛"。她正搭讪着给男青年找钱，这时又走过来一中年男子，买烟青年立即招呼他："周工商，你公务忙吗？"那个叫"周工商"的反问道："志发，你最近在忙什么？"

志发神秘地说："周工商，我最近下了趟海南，在珍珠养殖场弄到一颗特大珍珠。这颗珍珠起码值两万元。现在我生意上急需要钱，一万元钱出手，你要不要？"

"周工商"一本正经地摇了摇头："我们政府机关人员不准做买卖，不然的话，十颗我都要了。转一转手就可赚几千块钱，谁不想要？"

这时买烟的青年转过来问江老太婆："老人家，你要不要这颗大珍珠？”江老太婆想说要，又不好意思，正在迟疑，那“周工商”发话了：“你小子这珍珠莫不是假的？”

“绝对不会是假的。”买烟青年说，“哪个敢骗你们工商局的哟，除非是活得不耐烦了。”

“你们看。”买烟青年打开了一个非常精致的金丝绒盒子，里面果然有一颗硕大圆润的珍珠，“这颗珍珠在夜里还能发光，是真正的夜明珠。”他用手遮住四周的光线，那珍珠果然发出一点点闪烁的荧光。

江老太婆看得眼都花了。

“周工商”说：“不行，别是欺骗老人家吧？我们工商局是为人民服务的，你敢不敢去鉴定一下？”

“好嘛，走就走！”买烟青年说。

“老人家，我好事做到底，我帮你鉴定，如果是真的，你就要，是假的，就不要，我是工商局的，姓周，今后你有事可以找我。”“周工商”说着把工作证拿出来在江老太婆面前扬了扬。

可怜江老太婆一字不识，看也是白看。江老太婆想：“有工商局的同志帮我把关，这货一定出不了问题。”于是她锁上了烟柜，跟着二人去鉴定。

七弯八拐之后，他们来到一家店铺前，“周工商”说：“这是我们工商局的鉴定点，我拿进去鉴定，你们在外边等着。”

大约10分钟后，“周工商”兴高采烈地出来了：“志发，你小子没掺假，这货是真的。”他转身又对江老太婆说：“老人家，货是真的，你看要不要？”

“要！要！”江老太婆忙不迭地说。

“这样吧，志发，”“周工商”又发话了，“一万块钱太贵了，能不能给老人家优惠一点？”

江老太婆一听，更是对“周工商”感谢得要命。

“好吧，看在周工商的面子上，减2000元，要8000元，不能再少了，再少我就不卖了。”

“老人家，8000元你看怎么样？”“周工商”问江老太婆。

“好吧！8000元就8000元，不过，我的钱在家里。”

“走吧，我们到你家里去取。”

于是三人又返回到江老太婆家，江老太婆拿出7000元，又到邻居家借了1000元，交给了买烟青年，青年也把“夜明珠”交给了江老太婆。

江老太婆喜不自禁，一整天都在欣赏自己的“宝贝”。晚上，老伴、儿子都回来了，听说后都觉得此事很蹊跷。儿子第二天把“夜明珠”拿到珠宝店鉴定，结果哪里是什么夜明珠？原来是买烟青年使用的“鱼目混珠”之计，把一个玻璃珠涂了一层含磷的银白色粉末。老人家一听，赶忙到工商局，欲找“周工商”评理。结果周大姐并不是她要找的那个中年男子“周工商”，于是有了开头的一幕。

人为财死，鸟为食亡。有些钱是祸害钱，即使你得到了，也不会由此获得幸福。更何况贪心的人往往会落得个偷鸡不成反蚀把米的下场。

5. 不轻易相信陌生人

与陌生人打交道，一定要小心谨慎、增强防卫意识，行骗者大多是“心理专家”，不可被其花言巧语所迷惑。

据报载，一位待业女青年去南方某地走亲戚，她在火车上与一位很有气质的中年男士坐在一起。那男子十分热情和蔼，言称自己是广东某中外合资企业的中方经理，到内地招工，并拿出名片给她看。姑娘眼下正为待业而焦急，当即表示愿前往应聘。中年男子允诺荐举她当秘书。听罢此言，姑娘感激不尽，遂跟他下车，住进一家旅店。就在这天夜里，姑娘身上所带的钱物被洗劫一空。原来这位自称经理的人是个流氓诈骗犯。

行骗者大多是“心理专家”，他们十分注意研究人们的心理，并善于利用其心理弱点，如爱慕虚荣、急功近利、贪图享乐等，采取投其所好的伎俩把自己伪装成事业上的强者、职位上的优者、经济上的阔者，以唬人的名片、风雅的谈吐、诱人的许诺，借以构成心理上的“障眼法”，巧妙地解除人们的心理防卫，为行骗成功扫清道路。因此，我们说，麻痹轻信是骗子们成功行骗的心理助手和帮凶。

俗话说：“害人之心不可有，防人之心不可无。”在社会上还存在着不法之徒的情况下，“防人之心”是少不得的，与陌生人交往的时候，要退开一步。特别是涉世不深的青少年更应保持警觉，完善自己的积极心理防卫。具体说来起码应注意以下几点：

（1）不要以外表来判断人

在同陌生人打交道时，人们比较重视外表，对风度潇洒、仪表堂堂的人易产生好感。骗子们就善于利用人们这种爱慕虚荣、追求美貌的心理而精心用华美庄重的服饰包装自己，借以蒙蔽他人，诱使你上当。因此，在同陌生人打交道时，要提高警惕，绝不要被其外表所蒙骗。

（2）不要被莫名的殷勤打动

殷勤的言行易于使人感动，因为人心都是肉长的。骗子们自然也懂得这一点。他们善献殷勤、套近乎，以图骗取信任和好感，使你把他们当成自己人，最终落入圈套。特别是当人们处于困境或苦闷孤独时，最希望得到同情、关怀和帮助，此时也正是骗子们得手之时。所以，在此时尤其要提高警惕，在殷勤面前不妨多长一个心眼，对献殷勤者保持一定距离。

（3）不要为轻率的许诺所诱惑

人们还容易对他人的承诺表示感激，产生信赖感。这时，也是防卫心理失效的当口。本文开头记述的那位姑娘就是如此。因此，对于自己并不了解的人的许诺，要有所警惕。一般情况下，萍水相逢之人张口就许诺往往是靠不住的，许诺谁都会做，轻信就会上当。下面再看一个真实的故事。

上海某大学的一位女研究生，由于轻信陌生人的许诺被一位名叫刘艳的小姑娘哄得晕头转向，结果被从河南郑州拐到山东郓城的宫庄村，卖给大龄农民宫长恩做了短期老婆。请看这位大知识分子是怎样被人拐卖的：一天，女研究生在郑州火车站挤了老半天也没有买到进京的卧铺票。正在颓丧地苦思办法时，一位漂亮、大方、热忱的小姑娘，名叫刘艳，只有十五六岁，却挺会社交，主动与这位若有所失的女研究生搭讪起来，凭其三寸巧舌，只用了几个回合，就完全取得女研究生的真诚信任，称姐道妹，大有相识恨晚之情，结伴住在一起，并保证在两三天内帮“姐姐”买张卧铺票，女研究生感到意外的幸运，心想结识了这么好的小妹妹，难怪人们常说“在家靠父母，出门靠朋友”，真是千古名言。于是二人同吃同住，进出形影相随，亲如姐妹；刘艳见女研究生与自己交谈得十分投机，毫无提防之意，认为可以下手了。于是，便佯装像个娇嗔的小妹妹似的，双手搂住女研究生的脖子请求："好姐姐，三天内保证给您买到卧铺票；趁这两天没事，您跟俺做趟生意吧？只用半天时间，明天早上去，后天一定回来。"

"做什么生意？"女研究生问道。

刘艳从口袋里掏出一块银元，在研究生面前晃了晃，神秘地说道："怎么样？跑一趟，只当跟我做个伴，回来分给你2000元。"当然，这2000元数额并不惊人，但对一位清苦的女研究生来说，却有莫大的诱惑力，只是跟着跑一趟，做个伴，无须分文之本，白捞2000元，何乐而不为！她高兴地笑着点了点头。

这位可爱的女研究生，却不去仔细研究研究一位邂逅相识的小姑娘，凭什么"只半天时间"做伴，就白给2000元的实质。这位漂亮、苗条、引人注目的女研究生，一直都是班里的尖子生，过去考大学、考研究生她都是名列前茅的，天赋的自信和生性的执拗，加上学业的一帆风顺，使她自以为是女中强者。其实，她从家门进校门，从小学生、中学生、大学生到研究生，都是在家长和师长的搀扶下学会走路的，是靠温室培育成长的。当她突然丢掉拐杖，离开温室，就难免要被强风刮倒，或者被那些假雷锋帮了倒忙。

一张车票和2000元的引诱，这位女研究生便乖乖地跟着小小的女骗子，千里迢迢"送货"上门，被卖给一个30多岁的老实窝囊的光棍汉宫长恩做了奴隶般的老婆。这个黑壮的农夫，花了大钱买得如此一位娇嫩的媳妇，当然把她当做了一种私有财产。任她大喊大叫大哭大闹，寻死上吊都难以逃出村庄的矮屋和黑壮农夫的手心，夜晚遭到疯狂的蹂躏，白天受到犯人般的看守关押。真是想死死不了，活又不好活。她没办法，只好三番五次下跪哀求宫长恩："大哥，俺是大学里的研究生，还正在上学，你行行好，放了俺吧！你买俺花的钱俺回去加倍偿还，将来还会厚报你。"别人说的谎言，她喜欢听；她说的真话却没人理睬。要知道，打了多年光棍的宫长恩怎么舍得把这只花了多年积蓄买来的锁在金笼里的"画眉"放出去？

这出轰动全国的女研究生被人拐卖的悲剧维持了两个多月。在这度日如年的七十一个日日夜夜，她的泪水、她的懊悔、她的仇恨，冲刷着她当时轻信谎言的痛苦回忆。

这是一个真实的故事，绝不是天方夜谭。它再一次告诉人们：高学历的知识分子有时候在现实生活中是多么的无用。天真、轻信，再加上一点蝇头小利，结果就被一个小骗子给骗了，真是可悲。

当然，加强积极防卫心理并不是要人们把自己封闭起来拒绝与人交往，也不能风声鹤唳，草木皆兵，闹到“谈虎色变”、谨小慎微的地步。只要我们在与陌生人打交道时，头脑中装上防骗这根弦，做到热情而不失控，真诚而不轻信，那么形形色色的骗子在你面前都将无法得逞。

6. 熟人也可能成为骗子

熟人因为熟悉你的情况，所以知道从哪儿下手；熟人因为知道你的喜好，所以充分利用你的爱好诱惑你；熟人因为了解你的个性，所以懂得如何攻破你的心“防”。因此越熟的人，越需要警觉，别让人抓住你的弱点把你骗了。

有时候我们宁可相信熟人的一句话也不会相信陌生人的十句话。由于这一点，我们往往会成为熟人的“下手点”，被他们利用，受他们欺骗，很多时候还不自知，认为他们真是对自己好。其实熟人之间最容易互相利用甚至是互相欺骗。

利用熟人关系行骗的现象，兴起于20世纪90年代初那个“全民经商”的氛围之中。许多人还记得，20世纪80年代广东流行一句话：关系就是生产力。用今天学者的话来解释，就是社会资本在经济活动中的作用。但在我们的社会中，对“熟人”的信任和对“陌生人”的不信任，一直就是硬币的两个面。在熟人圈子内部，其成员是彼此高度信赖的，而在这个圈子的外面，则是一个陌生的世界。信任主要存在于这个“熟人”圈子之中。在圈子里，家庭成员、亲戚、朋友、同学、同乡、同事，是构造信任结构的基本纽带和基础。在20世纪90年代经商热刚刚兴起的时候，由“熟人”构成的“关系”成为一种重要的社会资本。谁有较多的社会资本，谁就更可能获得商业上的成功。

对信任结构的破坏，最初是以“杀生”的形式出现的。在圈子的内部，是互相信任，甚至是互相利用的。而在这个圈子的外面，坑蒙拐骗则成了不成文的规则。没有多长时间，圈子外部仅有的一点信任结构就很快被破坏掉。这是不难理解的。因为本来以熟人圈子构造信任结构的传统，使得更大范围中的信任结构难以形成，而处于雏形状态的市场经济中行为准则的缺乏，无疑使得对信任结构的摧毁显得轻而易举。这样一来，当社会整体失去了信任的基础，坑蒙拐骗就从圈子的外部，转移到了圈子的内部。于是，在相当长的一段时间里，亲戚坑亲戚、朋友坑朋友、老乡坑老乡，成为一种相当普遍的现象。很多人在商场失利，恰恰是被熟人、亲戚或朋友利用、欺骗所致，自己还一直蒙在鼓里。

进一步加剧了利用熟人关系行骗的现象就是非法传销。非法传销网络的建立，基本是以“熟人”为基础的，许多非法传销活动的参与者最后演变为利用亲戚朋友间的信任大肆行骗。河北省张家口市工商部门在捣毁 3 个非法传销窝点的行动中，查获的 16 名传销人员全是亲戚朋友关系；在河南省郑州市工商部门查获的“直复式营销”的变相非法传销活动中，这些传销业务员发展的下线都是自己的同学、战友、亲戚、朋友等；更有甚者，在海南省三亚市，当地工商部门查获了这样一个来自甘肃省的“传销家庭”，先是母亲丘某将儿子骗来，发展成为自己的下线，然后是上当的儿子如法炮制将父亲骗来，使之成为非法传销组织的一员，到被抓获时，这个“传销家庭”及其下线分别以合伙做生意、介绍工作等名目，蒙骗了 76 名亲戚朋友加入了传销组织。

其实，在其他的一些商业领域中，这种“杀熟”的现象也是存在的。“杀熟”现象造成的一个最严重的社会后果，就是将人与人之间最基本的相互信任破坏殆尽。如前所述，在我们这样一个社会中，基本的信任结构本来就是围绕“熟人”建立起来的。相对于其他的信任结构而言，这种以“熟人”为基础的信任结构也是一种更为基本的信任结构。但在“杀熟”的过程中，恰恰是将这种最基本的甚至是仅有的信任结构给摧毁掉了。昨天还以为是最可信赖的人，今天就成了坑害自己、让自己上当的骗子。于是，人们就自然得出了一个结论：除了自己，谁也不能信任。

有媒体报道，北京市通州区的一位女士本想托熟人打官司为家人讨个公道，没想到，那熟人就是个骗子，根本不认识法院的人不说，还编造了一堆诸如调解费、立档费、开庭费的借口，骗走了8万元。等这位女士报案的时候，钱早被骗子花光了。

俗话说“熟人好办事”，现在改了，好多人都知道了，熟人好骗人，熟人好利用。好多人被熟人“宰”了，因为熟人这层关系，心里有苦说不出，还得“所有问题都自己扛”。

其实，要想避免被熟人所利用、所欺骗，也不是没有办法，不是说周围所有的熟人都不可信。人活着，哪能离开熟人的支持和帮助？不过，现在既然实行的是社会主义市场经济，在经济活动中就要以市场经济的原则和杠杆来规范和约束自己，切忌感情用事，做熟人、人情生意。为了防止被熟人所利用、所欺骗，根据以往的经验，要做到以下几条：

（1）要熟知对方的人品和实力

人品即人的品质、道德，古人云：德为上。远离道德不好的人。了解对方的人品，最根本的方法就是要看是否有过损害别人利益的劣迹。也不能认为这个人过去还可以，就盲目相信，人是随着环境变化而变化的。

（2）要严格遵守规章和制度

规章和制度是经济活动的“铁杠杆”、“高压线”，碰不得。同时又是防止被利用、被欺骗的防护网。企图绕过规章制度、自作聪明的一切错误做法，最终都是一害企业、二害自己。

（3）顶住利益的诱惑

做生意是为了赚钱，天经地义。但当对方以高额利益或重金诱惑时，或者以超乎寻常的手法贿赂时，往往就会同时设下陷阱，你要十分警惕！时刻记住“天上不会掉馅饼”这个颠扑不破的真理。

当然，要防止被利用和欺骗的方式方法也不止这些，还要靠自己在实践中摸索和总结。

7. 小心“一见如故”，以防友情背后的圈套

一见如故的缘分是可遇不可求的，若只是人际交往时的客套话也就罢了，若有人以此来挑战你防御薄弱的心理防线，你可要小心了。

“一见如故”是很多初次见面的人习惯使用的一句话，意思是，虽然是初次见面，可是彼此的感觉就好像已经认识很久了。当然并不排除有“一见如故”的情形发生，但这是很难用科学来解释的现象，只能说这彼此“一见如故”的人，上辈子有过约定或交往了。能碰到“一见如故”的人是人生中的一种幸运，因为彼此可以少掉“试探”这个过程，而直接进到“交心”的层次。可是以人性丛林里的法则来看，一见如故固然是“幸运”，但有时却也是“不幸”的开始。

当一个人和你初次见面，就热情地说和你“一见如故”时，这时你要多留个心眼，当心他背后也许藏着阴谋。对于这样的人，你可以不必拒绝他的热情，甚至也回他一句“一见如故”。但人一定要理性，这可能纯粹是一句客套话，也有可能是一颗裹上糖衣的炮弹，他是要用温情来拉近和你的距离，好从你的身上获得某些利益。

在人性丛林里，人会呈现出他的多面性。在不同的时空，善与恶会因不同的刺激而以不同的面貌出现，也就是说，本性属“恶”的人在某些状况之下也会出现“善”的一面；本性属“善”的人也会因为某些状况的引动、催化而出现“恶”的作为。而何时何地出现“善”或

"恶"，也许他自己也无法预测及掌握。例如，一辈子循规蹈矩的正人君子就有可能因为一时缺钱而忽然浮现恶念，这是他过去所无法想象的事，但就是发生了，连他自己都感到不解。

如果"一见如故"是一句客套话，你的热切回应不但无法对对方产生作用，自己也会为对方随之而来的冷淡而"受伤"，而最有可能的是，你把对方吓跑了。如果对方真的另有所图，你的热切回应，正好自投罗网，结果也就不用多说了。

因此，当你听到"一见如故"这句话时，你应该：

①想想自己有没有因为这句话而兴奋、感动？如果有，那么就赶快浇熄、扑灭这些兴奋和感动，以免自作多情或自投罗网。

②如果对方的"一见如故"还有后续动作，你应该与之保持一种善意的距离，保持距离的目的是在探测对方用心的真伪，以免自己受伤。

③如果对方和你彼此都"一见如故"，这是最危险的状况，你应该立刻向后退，以免引火自焚，或因太过接近而彼此伤害，葬送有可能向正确方向发展的友情；如果"一见如故"只是对方一相情愿，那么不必花心思在这上面。

当然，双方"一见如故"也都理智地"各取所需"，那就另当别论了。不过，有些人不说"一见如故"，却直接用行动表示，这种人你也应该和他保持距离。

与人交往过程中，很多别有用心的人对你说"一见如故"的同时，还会掺杂很多奉承、溜须拍马的语言，想要扰乱你的判断能力。如果你不加以防范，很可能就此失去判断能力，陷入对方为你设计好的陷阱。因此，当听到这类话语时，必须马上提高警惕，不要因为虚荣心得到了满足而落入别人有所图谋的圈套之中，害了自己。

8. 做人不能太单纯

我们的生存环境越来越“恶化”，太单纯的与人相处而没有防范意识和能力，很难逃脱坏人的“魔掌”。

做人单纯、善良本身不是错，无奈的是社会关系复杂，要想在社会上立足，就要懂得伪装自己，以防被人欺骗。做人表面上可以天真，但内心一定要留点心机为自己所用。

中国古代大哲学家荀子在论人性时说：“人之性恶，其善者伪也。”这句话的意思是说，人的本性如果看来是善的，那是他努力装扮成这样的，人性本来就是恶的。这就是著名的“性恶论”，同时也告诉人们做人必须适度地伪装自己，以防被恶人所害。

人性究竟是善还是恶，绝非三言两语能够说清楚。但是可以肯定的是，在现实生活中，与人打交道时的确要谨慎小心，对人不妨考虑一些防范对策，预防万一，否则事情发展到糟糕程度时就为时晚矣。

一般人都不喜欢谋略意识强烈的人，也就是心眼儿太多的人。然而，在现实社会里，欺骗、狡诈之人大有人在。大到国家之间的争端，小到个人之间的利害关系，这种欺诈无处不在。因此，与其说欺诈人的行为太卑鄙，倒不如说吃亏上当的人太单纯、太大意。

人生从某种角度看也是一场战争。在这场战争中，为了求生存，必须要有慎重的意识和态度，这样才不至于上某些人的当，吃大亏。当然，为人并不需要自己去欺骗别人，但是，社会上鱼龙混杂，到处都是陷阱、圈套，必须小心提防。

不知你是否见到过乌龟在遇到天敌时如何保护自己？当人开始抓乌龟时，这个家伙便将头和爪子全缩进了壳内，它这样装死足足几分钟后才慢慢将头伸出来张望，等敌人走了，它才敢爬动起来。也许，你也听说过兔子蹬鹰的故事，鹰的眼睛锐利，在高空中便能看清地面上的兔子，而此时兔子并不慌张，它就顺势打个滚，装作死去，鹰一个俯冲下来，本想这下可抓住兔子了，可是奇迹发生了，当鹰到达地面伸开双爪时，兔子却一跃而起双爪猛蹬鹰的胸肚部位，鹰悲鸣几声，带着伤痕仓皇逃离。

以上两例都是发生在自然界里的普通故事，也是两类不同的以欺骗对手而求生存的实例。在人性的丛林中，人人都想战胜对手，当敌我力量悬殊或势均力敌时，用反间计或欺诈对方，会使对方上当，处于你的控制之中，而你此时，已成了狩猎的猎人。当人的力量处于优势时，也不妨采用一下欺诈的战术，这样会使你事半功倍，达到唾手可得的目的。总之，欺诈是一种计谋。

在人性的丛林里，无处不存在着欺诈。欺诈并不是什么违背伦理的罪恶。凡是有利于自己的生存，有利于个人价值实现的，都是正当的、合理的，西方哲人曾说过："存在即合理。"这话不无道理，既然我们存在，我们就有理由去生存、求发展，而一切对自我的压抑和对存在的摧残则应当被看成为罪恶。

另外，竞争的特性也决定了欺诈的必然性，竞争使得我们不得不谨慎行事，竞争也使得我们每个人必须以自我为中心，必须永远走在同伴的前面，否则优胜劣汰的自然法则便不会饶恕我们。

欺诈有很多种，常见的有下列几种：

（1）用"利"作诱饵

"天下熙熙，皆为利来；天下攘攘，皆为利往。"人是逐利的动物，无论大利小利只要有利可图他都不会放弃，当然他也会考虑自己的成本和风险。但更多的情况下他是不怕风险而敢于铤而走险的。而这时，你最好的办法就是给予利而诱之。世上任何给予都不是白给的，天下没有免费的午餐，以利诱人，比较常见而且也易成功。

（2）声东击西，制造假象

这种方法就是要在对方尚颇为迷惑之时，故意发布一些让对方迷惑上当的信息，当然这些信息对对方来说可能得之不易或认为准确可靠而极其有用，所以才适用他。要做到假做真时真亦假的境界，这样假象也便被认为真的了。

（3）诈死和装败也是很好的战术

若诈得像，装得真，则可以暗中认清对方的动向，同时也可制造对方判断的负担，并使其做出错误的判断而踏入陷阱。助长对方的气焰，使其松弛警戒，而你则趁此寻求生的契机；另外还可以解除对方对你的压力，因为他巴不得解下心头的重担，你的诈死装败也正好制造了他们心理上的借口。

9. 摈弃"逆反心理"

所谓逆反心理，就是指人们出于维护自尊的目的，对他人的要求偏偏采取相反态度和言行的一种心理状态。逆反心理作用下，人们常与要求者"顶牛"、"对着干"，常做出以反常的心理状态来显示自己的"高明"、"非凡"的行为。

苏联心理学家普拉图诺夫在《趣味心理学》一书的前言中，特意提醒读者请勿先阅读第八章第五节的故事。大多数读者却采取了与告诫相反的态度，首先翻看了那些内容，这就是逆反心理在作怪。

青少年逆反心理尤为严重，常有如下多种表现：对宣传做不认同、不信任的反向思考；对先进人物、榜样无端怀疑，甚至根本否定；对不良倾向持认同感，大声喝彩；对思想教育蔑视对抗，等等。

逆反心理的产生原因包括以下几点：

（1）强烈的好奇心

当某事物被禁止时，尤其是在不加任何解释的情况下，最容易引起人们的好奇心和探索欲望，于是逆反行为就出现了。

（2）自我肯定的心理需求

对于青少年尤其如此。他们正处于性格形成和自我认识的时期，通过否定权威和标新立异可以满足自我肯定的心理需求。青年人不会满足于适应社会，他们还希望社会承认他们的价值和地位。因此他们往往有意采取逆反行为，以引起别人的注意。

（3）施教者的不足

施教者的可信任度、教育手段、方法、地点的不适当，更容易引发受教者的逆反心理和行为。

（4）不良精神刺激

有的人遭受过种种挫折，受到了不良精神刺激，逆反心理变得十分严重。比如，有的人多次失恋，便认为人世间没有真正的爱情，如果谁说爱情美，他们就会大加否定。

逆反心理虽然算不上一种变态心理，但带有变态心理的某些特征，会使人（尤其是青少年）出现多疑、偏执、冷漠、不合群的病态性格，使之信念动摇、理想泯灭、意志衰退、工作消极、学习被动、生活委靡等，深一步发展还可能使人产生犯罪心理。所以，很有必要施以防治。

①正确认识自己，努力升华自我。提倡自我教育，要求人们（尤其是青少年）学会把自己作为教育对象，经常思考自己、主动设计自己，并自觉能动地以实际行为努力完善或造就自己。

②自我完善，提高文化素质，丰富生活阅历。这是克服逆反心理的根本途径。广闻博见能使我们避免固执和偏激。一个广闻博见的人，会很理智地处理问题，不会一味逆反。

③运用社会力量，提高素质培养。要把对青少年思想情操等各方面的培养同社会政治生活、经济文化活动以及社会道德风尚联系起来，以提高其心理适应能力，使他们更好地适应社会，不致迷失方向。

④实现社会风气的根本好转。社会大环境的影响对人们逆反心理的产生往往起着重要的作用。在一个风气败坏、腐败盛行的社会里，人们无论如何也做不到“百依百顺”。实现社会风气的根本好转，对防治人们的逆反心理大有裨益。

⑤培养想象力。逆反者通常缺乏多渠道解决问题的想象力。我们的思想一旦被逆反心理控制住，那么我们的视野就会变得狭隘、短视和愚蠢。逆反心理使我们无法进行正确的思维和判断。对总是怀有逆反心理的人来说，努力培养起自己的想象力十分必要。它有助于开阔思路、摆脱偏执。宽容的思想方式和想象力可以通过自我思维训练获得。

10. 改变浮躁心理

浮躁是指轻浮、不安分、脾气大、见异思迁、做事无耐心、总想投机取巧、成天无所事事等不良情绪体验。对手往往会抓住你的浮躁心理，使你走入心理的误区而成就自己。

目前，浮躁是我们国人的一种普遍不良心理表现。特点有：心神不宁、焦躁不安、盲动、冒险。

浮躁心理的产生有社会和个人两个方面的原因：

（1）社会原因

目前我国正处在社会变革时期，原有社会制度和结构受到很大冲击，每个人都面临一个重新定位的问题，感到很难把握自己的未来。于是患得患失、焦躁不安、迫不及待等就不可避免地成为一种社会心态。

（2）个人原因

个人攀比是产生浮躁的直接原因。我国的改革开放，“允许一部分人先富起来”，有的人较早获得成功，有的人却迟迟没有什么进步，于是攀比在所难免，往往造成浮躁心理。

浮躁使人失去对自我的准确定位，使人随波逐流、盲目行动，与我们所倡导的艰苦创业、脚踏实地、励精图治、公平竞争的精神相对立，对社会、国家和个人的发展极为有害，必须加以克服。

浮躁心理的自我调适可以参考以下几个方面：

①做到知己知彼。比较是个体获得自我认识的重要方式。“有比较

才有鉴别”。但比较要做到“知己知彼”，要从个人的能力、知识、技能等多方面进行综合合理比较，既要看到长处也要看到短处，才不致产生心神不宁、无所适从的浮躁心态。

②遇事要善于思考。考虑问题应从现实出发，不能随波逐流，盲目崇尚拜金主义、个人主义、盲从主义等社会不良之风。站得高才看得远。

③要有务实精神。做事要有开拓、创新、竞争的意识，更要有持之以恒、任劳任怨的务实精神。

11. 不要寻求虚拟的“光环”

如果你依赖他人来评定证实你的价值，究其根底，那只是他人的价值，而不是你的。

赫尔墨斯是古希腊神话中天神宙斯的儿子，是主管商业之神，他想考证一下自己在人间百姓心目中的地位到底有多高。有一天他化装成一位顾客来到雕像店。他指着宙斯的头像，问卖雕像者：“这个值多少钱?”“七赫拉。”他又走到自己的雕像前，心想，自己是商业的庇护神，地位一定比宙斯高，便问：“这个值多少钱?”卖雕像者指着宙斯的像说：“假若你买那个，这个算添头，白送。”赫尔墨斯本想听听卖雕像者对自己的赞赏，抬高自己的身价，谁知讨了个没趣，只得灰溜溜地走了。

人从出生落地到离开人世，往往喜欢把个人的快乐、幸福和价值感建立在别人认可的基础上。好像别人说你行，你就觉得自己行；别人说你不行，你也就觉得自己不行。

应当承认，别人的评价对自己有一定的促进作用。在受到别人赞扬时，我们都会感到很光彩、很快乐，感到自己有价值。所以，我们每个人都希望听到赞扬，得到鼓励，博得掌声。这种精神享受确实有益于我们开发潜能、提高素质；有益于我们认识自我价值，树立自信意识。

然而寻求赞许的心理如果不只是一种愿望，而成为一种必不可少的需要，像赫尔墨斯一样去寻求自己虚拟的“光环”，这便落入了人生自恋型性格障碍的误区。

一旦寻求赞许成为一种需要，做到实事求是几乎就不可能了。如果你感到非要受到夸奖不行，并常常做出这种表示，那就没人会与你坦诚相见。同样，你也不能明确地阐述自己在生活中的思想与感觉。你会为迎合他人的观点与喜好而放弃自我价值。以别人的看法和评价来确立你的自我形象和价值。这就好像把房子盖在流沙上，是靠不住的。

如果你依赖他人来评定证实你的价值，究其根底，那只是他人的价值，而不是你的。常言道："慧眼识英雄"、"狗眼看人低"。别人是慧眼还是狗眼不正是别人的价值吗？而你是英雄还是狗熊，这个是你的价值。所以，自我价值不能由他人来评定和证实。

的确，应付受人斥责的局面很不容易，而采取为人所赞许的行为则容易很多。如果为回避困难而选择后者，那就意味着你认为别人对你的看法比你的自我评价更为重要。这是一个在我们社会中难于避免的危险陷阱。

世俗和传统使人养成一种说话办事总是需要得到别人的认可和赞许的习惯。童年时代习惯于得到父母和老师的赞许，长大成人需要得到领导者的认可。如果自己的某个举动和主张得不到别人的认可和赞许，就会感觉到出了问题，放心不下。于是你在无形之中就放弃了主宰自己、独立行事的权利，凡事都受别人的控制和摆布。这种习惯大体表现为以下方面：

①你对别人的需求大都随声附和，有时心里不满，也要依从别人的意志去办。

②你有自己的事情和计划，但难以拒绝朋友的邀请和要求，以免别人对你不满意。

③你总是看领导的眼色行事，明知不对，也要忍气吞声地服从。好像领导的时钟总是准的，而你的时钟总是不准，只能和领导对表，不相信自己的手表。如果因此而窝火憋气只能拿比你地位低的人出气。

④不好意思和权威人士、著名人物交往，如果这类人物对你责怪批评不公正，你也不敢说出自己的看法。

总之，一个人习惯于接受别人的摆布，就会经常被迫去说话、去做事。这样的生活当然很累、很乏味。其实，这样的人生只是终生劳碌，不会有任何光彩和乐趣。试想，古今中外，世界上有哪一个有所作为、有所成就的人是光为了面子而生活的，是放弃了独立行事的权利，接受了别人的摆布而取得了成功的？拿职业选择来说，一个人应当争取去做自己感兴趣、爱好的工作，因为个人的兴趣和爱好是最大的驱动力。

曹雪芹是为了表达自己的生活感受而写作《红楼梦》，爱因斯坦是为了满足自己的好奇心才创立了相对论。这些人都不是为了服从别人的意志、寻求别人的赞许才呕心沥血、孜孜以求的。如果不是独立自主、宠辱不惊，如果不是自我价值、自我评定，曹雪芹、爱因斯坦、贝多芬、鲁迅这些伟大人物是不可能出现的。

希望得到别人的赞许，这是正常的心理需要，如果你必须得到别人的赞许，那就是将自己的价值交给他人去评定。一个人将自我价值置于别人的控制之下，这不是谦虚谨慎，而是缺乏独立自主的意识，由别人随意抬高或贬低自我价值。人家反对，你就灰心丧气；人家施舍给你赞许之词，你才会觉得自己不错。凡事如此，你还有什么价值？如果人家不说你好，你又该怎么办呢？

在现实生活中，我们不可能让每个人都满意。以清醒的头脑预计到会有不同意见，自己也会有缺点错误。不必期望人人都表示赞许，这样，我们就不会自寻烦恼，情绪消沉，也就不会因为别人对你某一点的否定而视为对自己整个人的否定了。

林肯说得好：“……假使要我读一遍针对我的各种指责——更不要说逐一作出相应的答辩，那我还不如辞职了事。我是根据自己的知识和能力尽力工作的，而且将始终坚持不懈地这样工作。如果事实最后证明我是正确的，对我的反对意见将不攻自破；如果事实最后证明我是错的，那么即使十个天使起誓说我是正确的，也将无济于事。”

这话说得多么实在而深刻呀！所谓独立行事、自我仲裁，也就是实事求是、光明磊落的为人处世的态度。

12. 由表及里的透视内心，以防操之过急看错人

从一个人的外表、行为来推测其内心的想法，正是由表及里的透视内心法。

看透对方心理的艺术，是心理学研究目标之一。

通过察言观色来揣摩对方的行为，你可以仔细观察对方的言谈举止，捕捉其内心活动的蛛丝马迹；也可以揣摩对方的状态神情，探索引发其行为的心理因素。

崇德七年（公元1642年），明朝大将洪承畴在松山战败被俘。皇太极极力劝其投降，但洪承畴誓死不降，骂不绝口，表示只求速死。皇太极无可奈何，只得烦劳范文程前往劝降。

范文程是清王朝的开国元勋、著名的谋略家，同时也是宋朝名臣范仲淹的后代，祖辈移居沈阳。他原是明朝落第秀才，满腹经纶，有智谋、有远见。努尔哈赤兴起后，范文程在抚顺谒见他，对策论学，纵谈古今，受到努尔哈赤的重视。

范文程去看望洪承畴，且不提起劝降之事，只是天南海北、说古道今地随便闲谈，准备从中察言观色。说话中，梁上积尘落在洪承畴衣襟上，洪承畴这个决意一死之人，却几次轻轻将落尘拂去。这个下意识的动作，他人不会留意，却逃不脱观察细微的范文程的目光。他由此判定洪承畴必可说降。他向皇太极满有把握地报告说："我看洪承畴是不会死的。他连自己的衣服都那么爱惜，更何况自己的性命呢！"

皇太极闻听此言大喜，洪承畴一松动，对他统一中原是十分有利的，果然事情不出范文程的意料之外，经过孝庄皇后巧妙耐心的劝降，一向自恃为明朝最后一位忠臣的洪承畴，最终还是向皇太极俯首称臣了。范文程由表及里，观察入微的识人之术，通过细致观察外部特征，推测其心理活动，达到神奇绝妙的地步。

中国古代的军事家非常强调透视对方的心理。所谓“知己知彼，百战不殆”就是这个道理。

与孙子齐名的古代军事家吴起曾这样说过：“凡是战争开始，首先必须了解对方将领的个性，然后才研究他的才能。”换句话说，面临战争的时候，应先调查敌将的个性，然后才观察他的能力，依对方的状况来运用适当的手段，这样就能稳操胜券了。例如吴起曾这样总结过：

如果敌将是一个没有主见并且随便听信别人的人，我们可以用各种方法引诱他，使他暴露意图。

贪婪而不知耻的人，我们可以用金银财宝收买他。

单调而不重视变化的人，我们可用策略来使他疲于奔命。

敌将如果奢侈浮华，不顾部下的贫困，我们可以利用他与部下的矛盾，使他们内部分化。

敌将如果是犹豫不定、毫无主见并使部下无所依靠的人，可用恐吓的手段使他们惊逃。

战争在表面看来是一门复杂的学问，“胜”与“败”谁也预料不到。但是，如果能透视对方，并运用适当的策略，就能胜券在握。同样的道理，把它运用到人与人的关系中，效果也是一样的。

人的个性随处可见。如果你在生活中仔细观察，你一定会发现不同个性的种种表现。一个识人高手，能够通过对方微不足道的表面现象，来了解一个人的内心世界及真实想法。

据说美国大财团之一洛克菲勒的创立者约翰·D. 洛克菲勒，是观察人物的高手。他可以从一些微不足道的细节中看透一个人。他根据对方的居住环境，也能发现其真实的面貌。譬如，利用假日出其不意地到同事家里拜访，随意看看其书柜上所摆放的书籍，即可了解对方的“兴趣”。

大多数观察人的高手，以对方的外表、服装及细微的动作为线索，巧妙地掌握对方的性格或生活状况。就像柯南道尔笔下的福尔摩斯侦探，会注意对方为人所疏忽的“特征”。譬如，从对方的右手中指上有老茧，指头上沾有墨水，衣服的肘部磨得油光，可推测该人从事文字工作；又如看对方的背影，右肩下垂而且身上发出消毒药水的臭味，则揣测是牙医……

通过对一个人的学识、修养、阅历、气质、个性、品格、生活等方面的综合分析，可以从一个人的情绪活动特征上，看出一个人内心深处的潜意识举动。

历史上，就有透过齐桓公的举止动作，被三个识人高手由表及里瞬间看透的趣话。齐桓公上朝与管仲商讨伐卫的事，退朝后回后宫。卫姬一望见国君，立刻走下堂一再跪拜，替卫君请罪。齐桓公问她什么缘故，她说：“妾看见君王进来时，步伐高迈，神气豪强，有讨伐他国的心志。看见妾后，脸色改变，一定是要讨伐卫国。”

第二天，齐桓公上朝，谦和地召见管仲。管仲说：“君王取消伐卫的计划了吗?”齐桓公说：“仲公怎么知道的?”管仲说：“君王上朝时，态度谦和，语气缓慢，看见微臣时面露惭愧，微臣因此知道。”

齐桓公与管仲商讨伐莒，计划尚未发布却已举国皆知。齐桓公觉得奇怪，就问管仲。管仲说：“国内必定有圣人。”齐桓公叹息说：“白天来王宫的役夫中，有位拿着木杵而向上看的，想必就是此人。”于是命令役夫再回来做工，而且不可找人顶替。

不久，拿木杵人被找来。管仲说：“是你说我国要伐莒的吗?”他回答：“是的。”管仲说：“我不曾说到要伐莒，你为什么说我国要伐莒呢?”他回答：“君子善于策谋，小人善于臆测，所以小民私自猜测。我看君王和你站在高台之上，他精神饱满，举止兴奋，这是准备打仗的表现，他手指的方向又是莒国的位置，不服齐的只有莒国了，所以这么想。”

13. 看透骗子的心，以防被骗子所迷惑

凡事预则立，不预则废。多琢磨多思考没有坏处。骗子其实不见得有多么高明，大多时候，是我们自己送上门去，任人宰割。别人的经历是我们学习的最好范本，可以帮助我们去看清那黑色的陷阱。

提起骗子，无人不深恶痛绝。近年来，不少企业、单位和个人，都有被骗的经历。在商场上，大到骗钱、骗物、骗合同，小到骗吃、骗喝、骗样品，骗子简直成了泻地水银、无孔不入。所谓骗，就是利用假的东西，诱惑别人，从而得到利益的行为。骗的行为比起偷盗、抢劫的行为更隐蔽、更狡猾、更具欺骗性。由于人们受骗之后往往就会加强戒备，骗子为了其行骗成功，也在不断地研究新情况、变换新手法。因而使受骗者连续受骗而仍不觉悟。

从商场上来说，骗子的嘴脸虽然是多种多样而且又是千变万化的，但有一点是共同的，那就是能够“想你所想、急你所急”。你做生意需要资金或资金紧张吗？你有一批商品找不到销路吗？你遇到什么麻烦找不着“靠山”吗？你想发财找不到门路吗？你想……骗子都能帮你办成。而且说得头头是道让你深信不疑。更为高明一点的骗子不但说得天花乱坠，如果看你是条“大鱼”，往往还会先给你一点“甜头”尝尝。以便让你“奋不顾身”地去受骗。随着形势的发展，骗术也越来越高。什么“潜伏骗”、“连环骗”等层出不穷。有时你被骗了还不知道骗子是谁。同时，骗子有时是“抓大放小”，有时是“既抓西瓜也抓芝麻”。

甚至连一顿饭、几包烟或一点样品也不肯放过。

骗子其实也分几类：一种是“出山”的目的就是骗。把“骗”作为他的起步和归宿；一种是事业遇到挫折，去偷去抢放不下“架子”而又有点“知本”而开始行骗；还有一种是被骗之后采取“王八骗我我骗鳖”的心态而行骗。加之行骗者不能受到应有的打击和惩罚，使骗子行骗有了一个比较“宽松”的环境，骗子们就“不骗白不骗、骗了也白骗”。

做生意，要想在经营管理中不因受骗而蒙受损失，就要提高识别骗子的能力和水平。

（1）套近乎

凡是骗子，而又是单独行骗者，往往是先和你“套近乎”，进而对你过分地热情。凡是这样的“见面熟”而又有超乎寻常的热情者往往都有一定的目的。因为“世界上没有无缘无故的爱，也没有无缘无故的恨”。

（2）把非常难办的事情说得非常容易

凡是骗子，要把你作为“猎物”的时候，往往把你非常难办的事情说得非常容易。甚至他的举手之劳就能解决你天大的难题。一旦你有了“踏破铁鞋无觅处，得来全不费工夫”的感觉时，离受骗就不远了。当你暗暗感到欣喜的时候，往往是你应该提高警惕的时候了。

（3）巧舌如簧

骗子之中，相当一部分是靠嘴成功的。骗子多数都有一张能把稻草说成金条的嘴巴，而且能够根据你的情绪变化“随机应变信如神”。他所说的东西叫你感到比真的还真。这时，你就要提高警觉。因为凡是真的东西都有疵点，而假的东西往往能说得完美无缺。真的鲜花往往只能开上一季，而假花则是四季常开。

（4）少付出高回报

骗子的惯用伎俩就是声称能让你用很少的付出就得到意想不到的利益。总是在给你灌输“吃小亏占大便宜”，“过了这个村就找不到这个店”的思想。当你感到是一个难得的机遇的时候，你最好想一想“天上不会掉馅饼”和“世界上没有免费的午餐”的名言。俗话说：“想享福必受罪，想占便宜必吃亏，胡思乱想，耽误瞌睡。”受骗往往是从想得到意外的收获而开始的。

（5）多问几个为什么

人们的一切活动，都是为了得到利益。尤其是在生意场上，人们的各种活动都是和利益息息相关的。即使是正经的商人，为了取得他最大的利益，也会进行必要的包装甚至伪装。有人说：“百分之百地相信一个政治家的话必受其害，百分之百相信一个商人的话必损其利。”这话听起来有点刻薄，细细品味不能说没有一点道理。所以，在做生意时，多问几个为什么？这不能不说是防止上当受骗的至理名言。

（6）加强自身的防骗能力

防骗的最好对策除了识别骗子之外，还要加强自身的防骗能力。常言说，苍蝇不叮无缝的鸡蛋。消除非分之想，不贪意外之财。君子爱财、取之有道。只要自身能够“坚壁清野”，再高明的骗术也就无奈我何了。

常言说：害人之心不可有，防人之心不可无。鉴于当前的社会状况，要想免于上当受骗的损害，一要提高识别骗子的水平，二要加强自身防骗的能力。

为了净化社会和市场环境，企业和产品的包装不要成了刻意的伪装；营销的策划不要成了欺骗的谋划。环境需要净化，人们呼唤诚信。一个人靠欺骗不会永远得逞；一个企业靠欺骗不会兴旺发达；一个国家靠欺骗不会繁荣昌盛。即使是一时得利，久了也会得到应有的惩罚。走黑道走得多了是会遇到鬼的。

在平时的生活中，下面五点需常记于心：

不迷信一个人的过去。一个人过去从来没骗过你，并不能代表或说明他现在以及将来不骗你。

不受外表的蒙蔽。一个人诚实与否，是不能用眼睛看出来的，还需日久见人心。

要积极揭露骗子。如果你发现了一个骗子，不能睁一只眼闭一只眼，这样会助长他继续行骗。

你要表明你只信事实。让人们都知道，你只尊重说实话的人。

听到不愉快的事，不要紧张、生气，也不要情绪失控，否则，下次别人知道你的弱点就好骗你了。

骗子骗人的伎俩其实也很容易识别，告诉你一个特别直观的判断方法，你可以观察他的嘴巴，人在说谎时，大多会觉得嘴唇和喉咙发干，因此常用舌头舔自己的嘴唇并使劲地吞咽；也可以观察他的手脚，人在说谎而感到不安时，会用手指轻敲桌面或椅子扶手，脚轻敲地面也是一样的道理；还可观察他的眼睛，你的朋友在说谎时，眼神往往不敢与你对视，这是最强烈的暗示。

另外，说谎的人往往会不经意地拉扯或抚平衣服上并不存在的皱褶，或弹并不存在的灰尘，这样可以避免与对方目光接触。说谎的人会不断地整理领带或项链。总之，他们会让手里有些动作可做，而这些动作恰好也泄露了他们心中的不安。

此外，观察腿部也很重要，人在说谎时，腿不断跷起又分开，分开又跷起，借此舒解心中的不安。

以上说的是生活中的小骗子，至于社会中的大骗子就更要留神了。古人曾经指出骗子们常表现为：无智略权谋，强勇轻战，侥幸于外；有名无实，掩善扬恶，进退为巧；语无为以求名，言无欲以求利；虚论高议，以为容美，穷屋静处，而诽时俗，此奸人也；不图大事，贪利而动，以高谈虚论，悦于人主；为雕文刻镂，技巧华饰。而有此几种表现的人历朝历代都不在少数。

五代十国时，南唐元宗有克复中原、再复大唐基业的大志。他攻下福建后得意忘形，认为结束诸国割据局面、统一江山不费吹灰之力。但当时南唐与诸国相比，势单力薄，这是不可能的事。大臣魏岑趁侍奉唐元宗酒宴时说道："微臣少年时曾游魏州元城，喜欢当地的美丽风物，待陛下平定中原时，微臣只求到魏州做官。"元宗听到他的臣子对他统一中原、光复大唐颇有信心便大喜，答应了魏岑的要求，魏岑连忙跪下拜谢。可这件事情让大家觉得魏岑说大话讨好皇上是个奸佞小人，于是就纷纷远离他。